奶牛布鲁氏菌病和结核病防治技术

阳爱国　周明忠◎主编

中国农业出版社
北　京

图书在版编目（CIP）数据

奶牛布鲁氏菌病和结核病防治技术 / 阳爱国，周明忠主编．—北京：中国农业出版社，2021.9

ISBN 978-7-109-28840-9

Ⅰ.①奶… Ⅱ.①阳… ②周… Ⅲ.①牛病－布鲁氏菌病－防治②牛病－结核病－防治 Ⅳ.①S858.23

中国版本图书馆 CIP 数据核字（2021）第 211372 号

中国农业出版社出版

地址：北京市朝阳区麦子店街 18 号楼

邮编：100125

责任编辑：周晓艳

版式设计：杨 婧　　责任校对：刘丽香

印刷：北京中兴印刷有限公司

版次：2021 年 9 月第 1 版

印次：2021 年 9 月北京第 1 次印刷

发行：新华书店北京发行所

开本：700mm×1000mm　1/16

印张：9

字数：170 千字

定价：68.00 元

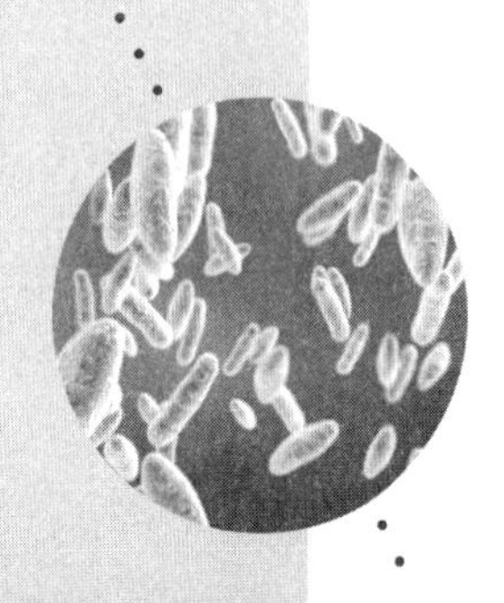

编写人员

主　　编：阳爱国　周明忠

副 主 编：郭　莉　朱　玲　侯　巍　裴超信　张永宁　张　书

编　　者：（以姓氏笔画为序）

马继红　毛光琼　尹　杰　尹念春　邓　飞　文　豪
文卫平　王　英　王　瑀　王正义　王欣睿　王泽洲
叶　岚　叶　鹏　朱　玲　刘　丽　刘海强　阳爱国
吉色曲伍　池丽娟　邢　坤　刘瑞瑛　陈　斌　陈　冬
陈代平　陈弟诗　张　东　张存瑞　张永宁　张　书
张代芬　张朝辉　张　毅　张　辉　吴　宣　吴云飞
杜　宁　李　庆　李　丽　李　春　李春隆　李盛琼
余　劲　沈爱梅　杨天俊　杨治聪　邵　靓　周明忠
周哲学　周仁江　郑　强　林宝山　罗　毅　岳建国
胡向前　姚　强　侯　巍　郭　莉　郭万里　袁东波
莫　茜　徐志文　徐　林　高　露　黄先奇　黄海燕
鲁志平　塔　英　曾林子　曾子鑫　谢嘉宾　谢　伟
裴超信　蔡冬冬　魏　巍　魏秋霞

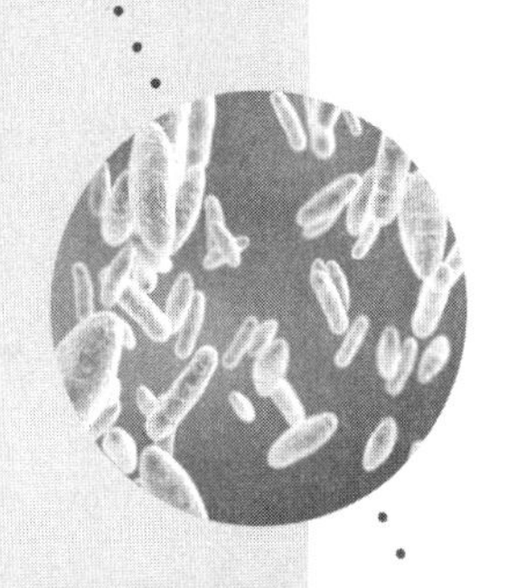

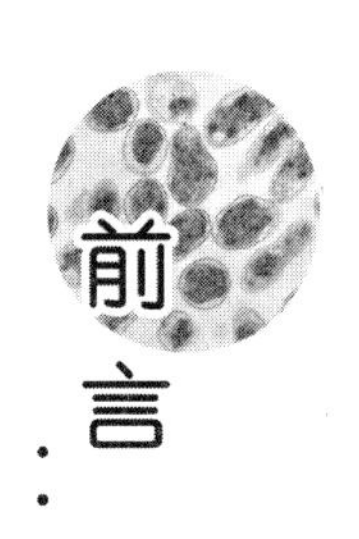

前言

随着兽医科技的不断进步，我国动物疫病防控工作取得了显著成效，动物源性食品的安全水平明显提升，公共卫生安全保障水平进一步提高。

布鲁氏菌病（以下简称“布病”）、结核病可导致牛、羊等动物患病死亡，与畜牧业安全生产密切相关；不仅如此，它还是公共卫生领域的一个重要方面。

布病，又称“懒汉病”，是一种严重危害人兽健康的动物源性人兽共患病，世界动物卫生组织（Office International Des Epizooties，OIE）将其列为必须通报的动物疫病，我国将其列为二类动物疫病。在全球200多个国家和地区中，报道人兽布鲁氏菌病疫情的国家和地区有170多个，仅14个国家和地区宣布消灭了布鲁氏菌病。全球每年新发病人超过50万例，在有些国家或地区，发病率超过了100例/10万人，每年造成经济损失达数十亿美元。

结核病，又称“痨病”，是一种古老的人兽共患病。目前全球已有约20亿人感染结核菌，每年有约1%的人口被结核杆菌感染，一个未经治愈的活动性肺结核患者一年能传染10～15个人。我国结核病患者数量居世界第二位，仅次于印度。牛结核病被OIE列为必须报告的疾病，我国将其列为二类动物疫病。全球有5 000万头以上的牛感染了牛结核病，每年造成大约30亿美元的经济损失。

农业农村部先后印发了《国家布鲁氏菌病防治计划（2016—2020年）》《全国兽医卫生事业发展规划（2016—2020年）》《国家奶牛结核病防治指导意见（2017—2020年）》等文件。为配合“两病”防治计划的实施，笔者组织行业内相关专家，通过总结国内外大量兽医科技创新成果，在防控经验的基础之上，将近年来“两病”研究和防控中出现的新技术、新方法和新策略融入其中，编撰了此书。

本书站在我国动物疫病防控全局的高度，力求全面性、科学性、指导性、针对性和实用性，对于布鲁氏菌病和结核病防治计划的实施具有较强的推动性。

本书的出版，对我国动物疫病防控水平的提升、畜牧业经济的健康发展、兽医卫生水平的整体提高，以及兽医人才培养和兽医学科建设都将起到重要作用。

编　者

2020年6月

目录

前言

第一章　奶牛布鲁氏菌病 …… 1

第一节　概述 …… 1
第二节　病原学 …… 8
第三节　流行病学 …… 12
第四节　临床症状和病理变化 …… 15
第五节　诊断方法 …… 16
第六节　综合防控 …… 35
参考文献 …… 42

第二章　奶牛结核病 …… 48

第一节　概述 …… 48
第二节　病原学 …… 56
第三节　流行病学 …… 69
第四节　临床症状和病理变化 …… 73
第五节　诊断方法 …… 75
第六节　综合防控 …… 88
参考文献 …… 104

第三章　人感染布鲁氏菌病和结核病的预防 …… 113

第一节　人感染布鲁氏菌病和结核病的症状 …… 113

第二节　人感染布鲁氏菌病和结核病的防治 …………………………………… 119
第三节　养殖环节布鲁氏菌病和结核病的预防 ………………………………… 127
参考文献 ……………………………………………………………………… 130

第一章　奶牛布鲁氏菌病

第一节　概　　述

布鲁氏菌病（以下简称“布病”），又称为布氏杆菌病、布鲁斯菌病、地中海弛张热、马耳他热、波状热等，是一种重要的人兽共患传染病。人感染发病后，主要表现为长期发热、多汗、关节疼痛及肝、脾肿大等。动物感染发病后，生殖器官和关节会受到侵害，引发子宫、胎膜、睾丸、附睾及关节炎症。例如，奶牛感染后，临床上主要表现为流产、早产、胎衣不下，常伴有子宫内膜炎、屡配不孕等。

布病在世界存在久远。根据Hughes在1897年的报道，公元前三四世纪就有关人类布病的记载。其后，陆续又有一些学者对该病进行描述和报道。但是，直到19世纪末期才对本病有较为系统的研究和科学性的阐述，并首次将其列为人类的一种独立传染病，命名为“地中海弛张热”。到20世纪初期，人类对布病的认识进入了历史性的新阶段，明确了布病对家畜和人的危害，并在布病的流行病学、临床症状、诊断及预防等方面开始建立起一些有效的技术方法。技术的发展和推广，使得20世纪30年代，世界上近3/4的国家和地区相继报道布病的存在。虽然许多国家将控制本病列入疫病控制重点计划，但是动物感染仍持续存在，并经常出现人的感染。在许多地区，布病是重要的地方传染病，特别是在地中海地区、北非、东非、中东、南亚、中亚、中南美洲。20世纪90年代初，世界上已有14个国家和地区宣布消除了布病，如大洋洲、北美洲和北欧。不过，这些国家仍然有因为去过疫源地国家而感染的病人。另外，冰岛和维尔京群岛一直没有发现布病。

已知有60多种动物可以作为布病的贮存宿主，包括一些家畜、家禽、驯化动物、野生动物。引发严重流行的主要宿主是羊、牛，猪、犬、鹿次之。世界各地的养殖结构不同，作为主要传染源的家畜类别也有所不同。羊布病的流行主要集中于地中海周边，以及中东、东亚、中亚、非洲、南美洲等国家和地区；牛布病的流行主要集中于非洲、中美洲、南美洲、东南亚，以及欧洲南部等国家和地区；猪布病的流行主要集中于美洲、非洲北部和欧洲等国家和地区。

面对世界广泛受布病威胁的现实，许多国家和地区开始研究控制布病的方法。随着科技的发展及各学科之间横向联系的加强和相互渗透，布病在基础理论和应用技术研究方面取得了突破性进展。1950年，世界动物卫生组织（World Health Organization，WHO）和联合国粮农组织（Food and Agriculture Organization of the United Nations，FAO）共同成立了布鲁氏菌病专家委员会，经过许多国家科学工作者的共同努力，现取得了许多重要成果。一些条件好而疫情较轻的国家和地区，采取以净化传染源为主的防控措施，包括：全面实施流行病学调查、监测、检疫，控制疫区家畜流通，对检出病畜进行扑杀并作无害化处理等，而疫苗免疫则是目前应用范围最广泛的布鲁氏菌病防控技术措施。1930年，Buck以从自然致弱的菌株中选育出的牛种布鲁氏菌S19菌株作为疫苗使用，1940年后逐渐在世界上推广应用，并取得了较好的预防效果，至今仍是牛布鲁氏菌病的主要疫苗之一。此后，对疫苗的研发一直持续不断，并取得了显著成效，其中羊用Rev.1疫苗得到了大范围的应用。我国于20世纪60年代研究的S2、M5疫苗，对布鲁氏菌病防控起到了显著作用，曾经以此疫苗免疫措施为主于20世纪90年代将全国布鲁氏菌病从重度流行控制到接近稳定状态，即基本接近于人间无新发病例、畜间无区域流行、血清学阳性率接近0.2%，基本检测不到病原。

经过近一个世纪对布鲁氏菌病的研究和防控实践，世界上积累了较为丰富的布鲁氏菌病防控知识、技术和经验。但是，世界在变化，布鲁氏菌病的流行环境和影响因素也在改变。当前世界范围的大流通等因素，对布鲁氏菌病的防控产生了很大影响，使得世界上许多国家和地区的布鲁氏菌病疫情出现回升，甚至严重流行。进入21世纪后，我国布鲁氏菌病出现了快速回升，人间感染情况甚至超过历史最高水平。面对这些情况，目前布鲁氏菌病的防控除了需要充分借鉴以往的知识、技术和经验外，更需要针对新问题采取针对性强的防控策略和措施，包括知识、技术的合理运用。

一、布鲁氏菌病的危害

（一）布鲁氏菌病可造成严重的公共卫生危害

布鲁氏菌病直接危害人们的健康，影响经济发展，已经造成严重的公共卫生问题。人布鲁氏菌病来自动物，通过接触流产物、被布鲁氏菌污染的畜产品而感染，也可通过接触活疫苗而感染。最危险的是受感染的妊娠母畜，其在流产或分娩时会随胎儿、羊水和胎衣排出大量的布鲁氏菌。目前，暂无确实、可靠的证据证实布鲁氏菌能在人与人之间进行水平传播。

布鲁氏菌有高度的侵袭力和扩散力，不仅可以从破损的皮肤侵入机体，而且可以从正常的皮肤、黏膜侵入。感染布鲁氏菌的家畜是人布鲁氏菌病的主要传染源。患病人群与职业关系密切，兽医工作者、畜牧工作者、屠宰工人、毛皮制作工人等感染的概率较高。人布鲁氏菌病的严重性与感染的菌种、菌量、菌株毒力及机体的抵抗力，与布鲁氏菌的接触次数、时间、强度等密切相关。人一旦感染布鲁氏菌并发病后，将长期受病痛折磨，丧失劳动能力和生育能力。

人布鲁氏菌病的临床表现复杂多变、症状各异、轻重不一，呈多器官病变或局限于某一部位。根据 1977 年 9 月我国北方防治地方病领导小组办公室颁布的《人布鲁氏菌病的诊断和治疗效果判定试行标准》，人布鲁氏菌病在临床上分为多性期、慢性活动型、慢性期相对稳定型。国外按鲁德涅夫分期法分为：急性期，患病 3 个月以内；亚急性期，患病 3～12 个月；慢性期，患病1 年以上。布鲁氏菌病潜伏期长短不一，短的可以在半月内发病，长的可达半年、1 年甚至几年，布鲁氏菌还可能终生潜伏于体内而不发病，多数病例潜伏期 7～60d。一般来说，羊种布鲁氏菌和猪种布鲁氏菌引起的布鲁氏菌病大多较重，牛种布鲁氏菌引起的症状较轻，部分病例可能不发热。我国以羊种布鲁氏菌引起的布鲁氏菌病最为多见。羊种布鲁氏菌对人的毒力最强，易引起全身性病变，未经治疗者的自然病程为 3～6 个月（平均 4 个月），有的病例病程短至 1 个月，有的病例病程长达数年或久治不愈。临床病例统计数据显示，慢性布鲁氏菌病给人体健康造成的影响远远大于其他类型临床症状的布鲁氏菌病，一旦转为慢性期，则患者很难治愈，既易复发又可再感染，使劳动能力减弱或丧失，影响生育，给患者及其家庭带来巨大的精神和经济压力。如果患者同时患有脑炎、心肌炎等疾病，还会威胁到生命安全。布鲁氏菌病难以治愈的很重要的一个原因是复发率很高。布鲁氏菌寄生于细胞内，很难被杀灭并根除，在一定的条件下可以再次进入血液。同时，一些诱因也可引起复发，如劳累、寒冷、精神刺激等。此外，布鲁氏菌病在自然进程中可以出现恶化，这也是难以治愈的很重要的一个原因。布鲁氏菌病是一个多系统损害性疾病，可导致多种病理变化，临床表现复杂多样。

（二）布鲁氏菌病的社会影响严重

我国自 20 世纪 60—70 年代开始对高危人群和家畜开展布鲁氏菌病的免疫预防后，整体发病率大幅下降。近年来，随着经济、社会的发展及畜牧业的快速扩张，布鲁氏菌病在畜群和人间的感染率逐年上升，再次严重威胁着畜牧业和公共卫生安全。布鲁氏菌病在我国北方牧区的流行较严重，农区也有散在发生，部分牛场的布鲁氏菌病感染率已经达到 100%，局部地区严重感染的现状严重威胁着周边地区；同时，伴随着越来越频繁的动物跨区运输，疫情防控形势非常严峻。在畜间疫情上升的同时，人间发病数也在大幅增加。

虽然布鲁氏菌病基本不会在人与人之间传播，但是由于其病程长、难治愈且影响劳动能力，因此每年都会有大批劳动力因患病而受到影响。另外，由于牛奶、牛肉、羊肉等是我国群众消费的重要动物源性食品，消费量大、品种多。因此，这些食品一旦被布鲁氏菌感染而流入市场，就很可能导致食源性布鲁氏菌病感染的发生，引发新的食品安全问题，不同程度上也会增加人民的恐慌心理。

布鲁氏菌病在家畜间能够流行，并且各种家畜之间可以相互传染，因此扩大了布鲁氏菌的宿主范围，给消灭布鲁氏菌病带来了很多困难。牲畜的皮、毛、乳、内脏如果消毒不严，将会增加人类感染布鲁氏菌病的概率，进一步影响消费者对日常生活所需的奶、肉、皮、毛等畜产品的需求。

（三）布鲁氏菌病造成的经济损失严重

1. 直接经济损失 2007 年全国布病造成的直接经济损失约为 117.5 亿元，各项损失及其比重见表 1-1，控制成本中各项费用及其比重见表 1-2。

表 1-1 2007 年全国布病的直接经济损失及其比重

项目名称	损失金额（万元）	占损失比重（%）
疫病损失	17 177.57	1.46
疫病控制成本	27 189.18	2.31
生产性能损失	370 193.31	31.50
贸易损失	186 535.98	15.88
人治疗费用	240 891.77	20.50
丧失劳动力损失	333 101.47	28.35
合计	1 175 089.28	

表 1-2 2007 年全国布病控制成本及其比重

项目名称	成本（万元）	比重（%）
预防性免疫费用	1 984.81	7.3
检测费用	7 504.21	27.6

（续）

项目名称	成本（万元）	比重（%）
扑杀补偿费用	17 074.81	62.8
无害化处理费用	625.35	2.3
合计	27 189.18	

2. 间接经济损失 布鲁氏菌病导致家畜瘦弱，产肉量下降，皮毛质量低劣等，尚难估算其损失的经济价值。资料显示，全球每年近 30 亿美元的巨大经济损失都是因布鲁氏菌病引起的。在我国新疆、青海两地，每年由布鲁氏菌病造成的直接经济损失有 1 亿元。

3. 防治经费投入巨大 根据布鲁氏菌病流行病学调查，结合我国家畜实际养殖规模，以及我国对布鲁氏菌病的防控和补贴标准进行计算，由牛布鲁氏菌病每年造成的经济损失可达 102.8 亿元。其中，定期检疫费用约 39 亿元，初诊费用约 6 亿元，确诊费用 720 万元，阳性牛群的消毒、隔离、防疫等费用约 0.9 亿元，布鲁氏菌病阳性牛处理的直接和间接损失约 53.82 亿元，贸易损失约 3 亿元。羊布鲁氏菌病每年造成的经济损失达到 189.81 亿元，其中定期检疫费用约 119.24 亿元，初诊费用约 21.68 亿元，确诊费用约 0.26 亿元，阳性羊群的消毒、隔离、防疫等费用约 1.62 亿元，布鲁氏菌病阳性羊处理的直接和间接损失约 44.01 亿元，贸易损失约 3 亿元。另外，猪、鹿、犬等都是布鲁氏菌的重要宿主，每年因布鲁氏菌病造成的经济损失也非常严重。

二、布鲁氏菌病分布

（一）世界分布情况

1. 人间分布情况 世界上有人间布鲁氏菌病疫情的国家和地区达 170 多个，各大洲甚至各国间疫情严重程度差别很大。在拉丁美洲，有 16 个国家和地区存在人布鲁氏菌病，发病率为 0.02～5.28 例/10 万人；在欧洲，有 29 个国家和地区存在布鲁氏菌病，发病率为 0.04～21.46 例/10 万人；在亚洲，有 33 个国家和地区存在布鲁氏菌病，发病率为 0.003～11.9 例/10 万人；在大洋洲，有 9 个国家和地区存在布鲁氏菌病，发病率为 0.97～2.51 例/10 万人；在非洲，有 3 个国家和地区存在布鲁氏菌病，发病率为 0.59～10.01 例/10 万人。其中，希腊、意大利、美国、阿根廷、老挝、黎巴嫩、匈牙利、伊朗、爱尔兰、北爱尔兰、西班牙、叙利亚、马耳他、墨西哥、新西兰、秘鲁、俄罗斯、葡萄牙及阿拉伯地区，人间布鲁氏菌病的发病例超过 1.00 例/10 万人。

人间布鲁氏菌病疫情分布广泛，且波动性大，各国之间疫情差别显著。例如，沙特 1987 年布鲁氏菌的发病人数为 5 283 例，1989 年为 7 893 例，到近几年发病人数已达 10 000 多例。经过数十年的努力，布鲁氏菌病疫情防控取得明显成效。20 世纪 70 年代，世界上已有 15 个国家和地区宣布清除了布鲁氏菌病，这些国家和地区分别为海峡群岛、挪威、瑞典、芬兰、丹麦、瑞士、捷克、斯洛伐克、罗马尼亚、英国、荷兰、日本、奥地利、塞浦路斯、保加利亚。

2. 畜间分布情况 动物布鲁氏菌病主要发生于牛、羊、猪。据报道，全球已有 101 个国家和地区有牛布鲁氏菌病发生，主要分布于非洲、中美洲、南美洲、东南亚、南欧等地区；有 50 个国家和地区存在绵羊、山羊布鲁氏菌病的流行，主要集中于非洲、南美洲等地区；有 33 个国家和地区存在猪布鲁氏菌病，主要集中于美洲、非洲北部、南欧等地区。全球畜间布鲁氏菌病以牛种布鲁氏菌为主，占家畜布鲁氏菌病分布国家和地区的 50%以上。

（二）我国分布情况

我国布鲁氏菌病流行病学特征是：①在 20 世纪 80 年代以前，人和动物布鲁氏菌病发病率很高；②在 80 年代时，人和动物布鲁氏菌病的发病率逐渐降低；③到 90 年代，动物疫情无明显变化，但在 1995—2001 年人布鲁氏菌病的发病率有所增加。

1. 人间分布情况 在我国，布鲁氏菌病被列入乙类法定报告传染病。Boone 于 1905 年在上海首次报道了我国最早的 2 例布鲁氏菌病病例，此后又分别报道了我国在 1901 年和 1904 年的疫情，以及福建省 1916 年发生的疫情。1924 年，河南省发生 4 例疫情，并在病人血液中分离到了羊种布鲁氏杆菌。1932—1942 年，北京市共发生 29 例动物布鲁氏菌病疫情，其中 1936 年从 109 头奶牛中检测到 21 头母牛流产，并分离到 2 株牛种布鲁氏菌。1944—1947 年，内蒙古、西藏、上海及吉林地区都有疫情报道。到 20 世纪 50—60 年代我国人间布鲁氏菌病疫情达到最严重程度，70 年代显著下降，80 年代后连续保持下降态势，90 年代后期疫情有所回升，进入 21 世纪以来疫情回升趋势愈加严重。据 1952—1990 年的资料统计，人间布鲁氏菌病疫情出现了两个高峰，发病率为 1.17～1.77 例/10 万人；70 年代后期至 90 年代初期，人间布鲁氏菌病发病率出现了明显下降；1992 年全国仅报告发病 219 例，发病率为 0.02 例/10 万人。

自 1993 年后，我国人畜布鲁氏菌病疫情出现了逐年上升的势头。1993 年全国只有 2 个布病暴发点，1994 年上升为 7 个，1995 年为 14 个，1996 年已达 86 个。1993 年全国布病新发病人只有 329 例，而到 1996 年已达 3 366 例。全国布病疫情回升的省（自治区）已超 10 个，主要有山西、陕西、辽宁、吉林、内蒙古、黑龙江、河北、山东、西藏、新疆、河南等。陕西省于 1993 年无 1 例新发病人，到 1996 年仅绥德县就出现了 1 000 余例布病患者，其中大部分为新发病人。

1996—2000 年人间布病的发病率为 0.09～0.25 例/10 万人；2001 年后发病率回升趋势更加明显；2001—2005 年发病率为 0.23～1.50 例/10 万人；2005 年全国报告新发病人数已突破历史最高水平，近 2 万人，发病人数较 1996 年增加了 6 倍。

2006—2012 年我国人间布病疫情总体呈上升态势，发病率由 1.45 例/10 万人上升到 2.93 例/10 万人。其变化趋势可以分为 3 个阶段：2006—2007 年为平稳阶段，发病率维持在 1.5 例/10 万人左右。2008—2009 年为迅速上升阶段，发病率也由 2.1 例/10 万人上升到 2.7 例/10 万人。2010—2012 年为稳定上升期，2010 年的发病率较 2009 年下降了 6.2%，但仍高于 2006—2009 年全国布病平均发病率；2011—2012 疫情持续上升，此阶段布病平均发病率达到 2.9 例/10 万人。2006—2012 年牲畜布病发病数迅猛增长，由 2 032 头增长到 82 071 头，同时处在 2006—2012 年人间布病累积发病率和牲畜布病累积发病数前 10 位的省（自治区）有 7 个，分别为山西、河北、宁夏、辽宁、陕西、新疆、内蒙古。

2018 年以来，疫情主要发生在内蒙古、山西、黑龙江、辽宁、河北、陕西、河南、吉林等地，其次是新疆、西藏、山东等地，甘肃、宁夏、四川、北京、天津、江苏、安徽、浙江、福建、广东、广西等地也有散在疫情发生。

2. 畜间分布情况　我国各省（自治区）均存在家畜布鲁氏菌病疫情。总体而言，畜间疫情在 20 世纪 50—60 年代较重，70 年代后开始下降，80 年代下降明显，到 90 年代已初步得到有效控制，之后又开始出现回升。

20 世纪 50—70 年代为高发期。根据 1952—1981 年全国疫情报告和调查结果，布病在全国 23 个省（自治区）有不同程度的流行，家畜布鲁氏菌病的平均阳性率为 4.97%。北方大部分地区疫情相当严重，牧区尤其严重，感染畜群的阳性率最高可达 60%～70%。严重流行地区包括内蒙古、四川、青海、西藏、新疆、陕西、宁夏、甘肃，一般流行地区包括河北、山西、吉林、黑龙江、河南、山东、云南，北京、辽宁、浙江、安徽、福建、江西、广东、广西地区也有散发。

20 世纪 80—90 年代为基本控制期。自 70 年代全面采取以免疫预防为主的家畜布鲁氏菌病防控措施后，疫情逐年下降。80 年代前平均阳性率为 4.97%，80 年代平均阳性率为 0.49%，90 年代平均阳性率为 0.16%。其平均感染率除绵羊和山羊外，牛和猪的布鲁氏菌病均达到我国规定的控制标准。在此期间，国家增加了投入，采取“免、检、杀、消、处”等综合防治措施，布鲁氏菌病疫情基本得到了控制；尤其是进入 90 年代，疫情下降趋势更为明显，其中奶牛布鲁氏菌病阳性率由 1987 年的 0.46%下降到 1999 年 0.10%。

2000 年以后为反弹期。随着家畜饲养量的快速增加，市场交易更加频繁，布鲁氏菌病疫情出现反弹。2001—2004 年，每年有 24～28 个省（自治区）报告检出布鲁氏菌病阳性牲畜，平均阳性率为 0.40%，局部地区的阳性率超过 5%，奶牛布鲁氏菌病的阳性率由 2000 年的 0.09%上升到 2009 年的 0.69%。

第二节 病 原 学

一、分类地位

国际上将布鲁氏菌属（*Brucella*）分为 6 个生物种，19 个生物型。6 个生物种分别为：牛种布鲁氏菌（*B. abortus*）、羊种布鲁氏菌（*B. melitensis*）、猪种布鲁氏菌（*B. suis*）、犬种布鲁氏菌（*B. canis*）、沙林鼠种布鲁氏菌（*B. neotomae*）和绵羊附睾种布鲁氏菌（*B. ovis*）。牛种布鲁氏菌于1897 年由丹麦的兽医伯纳德从牛体中分离到，主要引起牛发病，有时也可感染羊等其他动物及人。1962 年，布鲁氏菌分类委员会曾将该牛种布鲁氏菌分为 9 个生物型。但由于第 8 生物型多年来再未得到确证的分离株及标准株，因而 1978 年废除了该生物型（表 1-3）。

表 1-3 布鲁氏菌生物型分类表

种	生物型	菌落形态	氧化酶	脲酶	对 CO_2 需求	H_2S 产生	在染料培养基上生长		单项特异性血清凝集			常见自然宿主	对人的致病力
							硫堇	碱性复红	A	M	R		
牛	1	光滑	+	+[b]	+[d]	+	—	+	+	—	—	牛	毒力中等，散发病例
	2				+[d]	+	—	—	+	—	—		
	3				+[d]	+	+	+	+	—	—		
	4				+[d]	+	—	+[h]	—	+	—		
	5				—	—	+	+	—	+	—		
	6				—	±	+	+	+	—	—		
	7				—	±	+	+	+	+	—		
	9				+/—	+	+	+	—	+	—		
羊	1	光滑	+	+[a]	—	—	+	+	—	+	—	绵羊、山羊	毒力强，易流行
	2				—	—	+	+	+	—	—		
	3				—	—	+	+	+	+	—		
猪	1	光滑	+	+[c]	—	+	+	—[e]	+	—	—	猪	高
	2				—	—	+	—	+	—	—		无报道
	3				—	—	+	+	+	—	—		高
	4				—	—	+	—[f]	+	+	—		中等
	5				—	—	+	—	—	+	—		无报道

（续）

种	生物型	菌落形态	氧化酶	脲酶	对 CO_2 需求	H_2S 产生	在染料培养基上生长		单项特异性血清凝集			常见自然宿主	对人的致病力
							硫堇	碱性复红	A	M	R		
沙林鼠		光滑	—	+[c]	—	+	—[g]	—	+	—	—	沙林鼠	无报道
绵羊附睾		粗糙	—	—	+	—	+	—[f]	—	—	+	绵羊	无报道
犬		粗糙	+	+[c]	—	—	+	—[f]	—	—	+	犬	无报道

注：“+”表示氧化酶阳性，脲酶阳性，生长不需要 CO_2，产生 H_2S，细菌生长，单项血清凝集。“—”表示氧化酶阴性，脲酶阴性，生长需要 CO_2，不产生 H_2S，细菌不生长，单项血清不凝集。

[a]中等速度，有些菌株很快。

[b]除参考株 A544 和少数野毒株为阴性外，其余为中等速度。

[c]快速。

[d]在初级分离时通常为阳性。

[e]在南美洲和东南亚分离出一些对复红有抗性的菌株。

[f]大多数为阴性。

[g]硫堇浓度为 10 μg/mL 时可生长。

[h]一些加拿大、英国和美国的分离株不能在染料培养基上生长。

二、形态学基本特征与培养特性

布鲁氏菌为革兰氏阴性的球状、球杆状小杆菌。菌体长 0.6～1.5μm，宽 0.6～0.7μm，不形成芽孢，在大多数情况下不形成荚膜，常散在，无鞭毛，不运动。以沙黄-美蓝（或孔雀绿）染色时被染成红色，其他细菌被染成蓝色（或绿色）。

布鲁氏菌是需氧菌或微需氧菌，对营养的要求较高，其培养的最大特点是生长繁殖速度缓慢。尤其是刚从机体或环境中新分离的初代菌，有的需要 5d，甚至需要 20～30d 才能生长。牛种布鲁氏菌的培养可以在需氧条件下进行，但大多数初代分离时需在含 10% CO_2 的空气中进行，在人工培养基上移植几代以后也可以在普通空气中生长。在血清肝汤琼脂上，可形成湿润、无色、圆形、隆起、边缘整齐的小菌落；在土豆培养基上能生长良好，可长出黄色菌苔。在不良环境，如抗生素的影响下，布鲁氏菌易发生变异。当细菌细胞壁的脂多糖（lipopolysaccharide，LPS）受损时，易由光滑型菌落（S 型）变为粗糙型菌落（R 型）。当细胞壁的肽聚糖受损时，则细菌失去胞壁或形成胞壁不完整的 L 型布鲁氏菌。这种表型变异的细菌可在机体内长期存在，但环境条件改善后可恢复原有特性。

除了绵羊附睾种布鲁氏菌、犬种布鲁氏菌和猪种布鲁氏菌外，其余种布鲁氏菌的 S 型菌株都含有 A 抗原和 M 抗原。不同型别的布鲁氏菌在一般血清学特性上不能区别，而是利用单相特异性血清凝集试验、免疫电泳、琼脂扩散、

DNA 同源性、抗原色谱分析和单克隆抗体技术等进行抗原结构研究，以及菌属间、种型间的鉴别。

三、理化特性

布鲁氏菌在自然条件下的存活能力较强。但由于气温、酸碱度不同，因此其存活时间各异。在阳光直射和干燥的条件下，布鲁氏菌的抵抗力较弱，如阳光直射 10～20min 即被死亡。在腐败的尸体中很快死亡，但在不腐败的病畜的分泌物、排泄物及死畜的脏器中能存活 4 个月左右。对温度很敏感，50～55℃ 60min 内死亡，60℃时 15～30min 内死亡，70℃时 10min 死亡。在粪便中可存活 8～25d，在土壤中可存活 2～25d，在奶中可存活 3～15d，在干燥的尘埃中可存活 2 个月，在皮毛中可存活 5 个月。在冬季存活期较长，在冰冻状态下能存活数月。在食品中约存活 2 个月。

布鲁氏菌对常用化学消毒剂的抵抗力不强，能被常用消毒剂迅速杀死。普通消毒剂，如 1%～3%石炭酸溶液 3min、2%福尔马林溶液 15min 可将其杀死。用 3%有效氯的漂白粉溶液、石灰乳（1∶5）、氢氧化钠溶液等进行消毒也很有效。

布鲁氏菌对四环素最敏感，其次是链霉素和土霉素，但是对杆菌肽、多黏菌素 B 和放线菌酮有很强的抵抗力。

四、致病性

布鲁氏菌属中各生物种及其生物型的毒力有所差异，其致病力也明显不同。布鲁氏菌致病力与其新陈代谢过程中的酶系统有关，包括透明质酸酶、尿素酶、过氧化氢酶、琥珀酸脱氢酶及细胞色素氧化酶等。细菌死亡或裂解后释放的内毒素是致病的重要物质。

沙林鼠种布鲁氏菌主要感染啮齿动物，对人、畜基本上无致病作用；绵羊附睾种布鲁氏菌只感染绵羊；犬种布鲁氏菌主要感染犬，对人、畜的侵袭力很低；羊种布鲁氏菌主要感染绵羊、山羊，也能感染牛、猪、鹿、骆驼等其他动物；牛种布鲁氏菌主要感染牛、马、犬，也能感染羊和鹿；猪种布鲁氏菌主要感染猪，也能感染鹿、牛和羊。人的感染菌型以羊种布鲁氏菌最多见，猪种布鲁氏菌次之，牛种布鲁氏菌最少。

（一）对动物的致病性

世界动物卫生组织（OIE）将布鲁氏菌病列为 B 类动物疫病，我国将其列为二类动物疫病。布鲁氏菌病发生时可造成严重的经济损失，对以畜牧业占主要经济的地区来说，可严重制约当地的经济发展。一方面，对家畜生产性能产生严重的影响，包括对动物生殖系统的损害，导致患病家畜繁殖障碍，尤其是对奶牛业的影响十分严重，可导致增重、产奶量等生产性能显著下降。另一方面，本病会带来防控方面的经济费用，包括扑杀、消毒、隔离、诊断、免疫等方面的费用。

患病动物最明显的临床症状是流产，多发生于妊娠中后期。流产前，病畜精神不振，食欲下降，体温升高，喜欢饮水，阴户、乳房肿大，从阴道流出灰白色或灰色黏性分泌物。流产病畜多伴发胎衣不下，从阴道流出红褐色的恶臭液体，引发子宫炎。流产胎儿多为死胎或弱胎。有的病畜临床症状消失后仍然可长期排菌，成为严重的传染源。有的病畜经久不愈，屡配不孕。患病公畜常发生睾丸炎，呈一侧性或两侧性睾丸肿胀、硬固，多伴有热痛，病程长，后期睾丸萎缩，失去配种能力。有些病畜可发生关节炎及水肿，有时表现跛行。部分可见眼结膜发炎、腱鞘炎、滑液囊炎。

（二）对人的致病性

布鲁氏菌病感染人后，潜伏期一般为7～60d，平均14d，少数患者可长达数月或1年以上。临床表现复杂多变，症状各异，轻重不一，呈多器官病变或病变局限于某一局部。

五、发病机理

布鲁氏菌侵入牛体后，几日内可到达侵入门户附近的淋巴结内，由此再进入血液中发生菌血症。菌血症能引起牛的体温升高，其时间长短不等，菌血症消失后经过长短不等的间歇可再次发生。侵入血液中的布鲁氏菌散布至各器官中，能引起任何病理变化，同时可能由粪便、尿液中排出。但是到达各器官的布鲁氏菌有的也不引起任何病理变化，常在48h内死亡，以后只能存留在淋巴结中。胎盘、胎儿和胎衣组织特别适宜布鲁氏菌生存和繁殖，其次是乳腺组织、淋巴结（特别是乳腺组织相应的淋巴结）、骨骼、关节、腱鞘和滑液囊，以及睾丸、附睾、精囊等。

布鲁氏菌进入绒毛膜上皮细胞内增殖，引发胎盘炎，并在绒毛膜与子宫黏膜之间扩散，引发子宫内膜炎。在绒毛膜上皮细胞内增殖时，使绒毛发生渐进性坏死，同时产生一层纤维素性脓性分泌物，逐渐使胎儿胎盘与母体胎盘松离。布鲁氏菌还可进入胎衣中，引起胎儿病变。由于胎儿胎盘与母体胎盘之间松离，以及由此引起胎儿营养障碍和胎儿病变，因此可使母畜发生流产。在流产胎儿的消化道及肺组织内可以找到布鲁氏菌，而其他组织中通常无菌。一般认为布鲁氏菌是通过胎儿吞咽羊水而不是通过血流进入胎儿的。

布鲁氏菌也可由一个妊娠期转移至下一个妊娠期，生存于网状内皮系统及乳房内。被感染的乳房在临床诊断上不能被发现，而将乳汁接种豚鼠时能分离出布鲁氏菌。未妊娠的动物其乳房中有高滴度相应菌株抗原凝集素，虽有少数可以清除病原体，但却终生带菌。病程缓慢的母牛由于病变胎盘中增生的结缔组织可使胎儿胎盘与母体胎盘固着粘连而致使胎衣滞留。胎衣滞留可引起子宫内膜炎，甚至败血性全身传染。愈后再妊娠时，乳腺组织或淋巴结中的布鲁氏菌可再经血管侵入子宫，可能再次引起流产。但由于染病后获得了程度不等的免疫力，因此每年再次流产比较少见，而多次流产更是仅有现象。流产时间主要决定于感染程度、感染时间与母牛的抵抗力。母牛的抵抗力低而早期大量感染布鲁氏菌时，流产则发生于妊娠早期；反之，则常见晚期流产甚至正常分娩，并伴有胎衣滞留。布鲁氏菌驻留于其他组织器官，可能引起程度不同的损害，如关节炎、睾丸炎等。

布鲁氏菌是可以寄生在细胞内的细菌，能在宿主的巨噬细胞及上皮细胞内生长。有毒菌株菌体外有蛋白外衣，以保护其能在细胞内生存并产生全身感染。这种能力可使细菌逃避宿主免疫而长期生存。

赤藓醇（erythritol）是布鲁氏菌生长的有力刺激物。易感动物，如牛、绵羊、山羊及猪胎盘内的赤藓醇水平比对布鲁氏菌有较强抵抗力的人、家兔、大鼠及豚鼠的要高。布鲁氏菌优先利用葡萄糖，说明雄性及妊娠母畜生殖系统中有赤藓醇存在，布鲁氏菌得到了大量繁殖。在流产后的子宫内，布鲁氏菌存在时间不长，数日后已不能被找到。这可以解释为什么赤藓醇只有在妊娠子宫中大量存在的原因。

山羊、绵羊和猪布病的发病机理与牛的相似。

第三节　流行病学

一、传染源

目前，已知60多种家畜、家禽、野生动物是布鲁氏菌的宿主。与人类有关的传染源主要是羊、牛及猪，其次是犬。布鲁氏菌的传染源主要是病畜，感染动物可长期甚至终生带菌，成为对其他动物和人类危险的传染源。病畜从乳汁、粪便和尿液中排出的布鲁氏菌，污染草场、畜舍、饮水、饲料及排水沟等。当患病母畜流产时，大量布鲁氏菌随流产胎儿、胎衣和子宫分泌物一起排出，成为危险的传染源。各种布鲁氏菌在动物间有宿主转移现象，即羊种布鲁氏菌可能转移到牛、猪体内。

对健康奶牛而言，病牛及带菌牛是主要传染源。受感染的妊娠母牛在流产或分娩时，大量的布鲁氏菌随胎儿、胎水和胎衣排出，阴道分泌物及乳汁中都含有布鲁氏菌。公牛患睾丸炎后精囊中也有布鲁氏菌。受感染的犊牛在极少见的情况下，于一段时期内可由粪便排出病菌。

布鲁氏菌病具有自然疫源性，发生过布鲁氏菌病的地区，可因为病原在自然界中（如带菌野生动物）长期存在而难以根除疫源。

二、传播途径

布鲁氏菌病可由多种途径传播，经消化道感染是本病的主要传播途径。病菌随患病母畜的阴道分泌物、乳汁和患病公畜的精液排出，特别是流产的胎儿、胎盘和羊水内含有大量的病菌，易感动物采食了病畜流产时的排泄物或污染的饲料、饮水后而感染。但经皮肤感染也有一定重要性。易感动物直接接触病畜流产物、排泄物、阴道分泌物等带菌污染物，可经皮肤微伤或眼结膜感染，也可因间接接触病畜污染的环境及物品而受感染。曾有试验证明，通过无创伤的皮肤可成功感染牛；如果皮肤有创伤，则更易被病原菌侵入。其他如通过交配等也可感染。一些吸血昆虫，如苍蝇、蜱等可携带布鲁氏菌。这些吸血昆虫通过叮咬易感动物或污染饲料、饮水、食品等传播布鲁氏菌病，但是概率比较低，因此传染的重要性不大。

人在饲养、挤奶、剪毛、屠宰以及加工皮、毛、肉等过程中，如不注意做好卫生防护，也可受到感染。当被感染的妊娠母畜分娩或流产时，兽医等用手帮助产仔或处理各种流产物时受感染的概率就非常大。另外，人还可以因为食用被布鲁氏菌污染的食品、水或饮用生鲜奶，以及未煮熟的染病畜肉、内脏而受到感染，或因接触带菌病料、污染物经皮肤微伤或眼结膜而受到感染。含布鲁氏菌的流产物落到了地上，也可随尘土被吸入人体内。

三、易感动物

（一）自然宿主

布鲁氏菌病的易感动物范围很广，如羊、牛、猪、鹿、骆驼、马、犬、猫、狐狸、狼、兔、猴、鸡、鸭及一些啮齿类动物等。受生产方式、传染条件等因素的影响，羊、牛、猪一直是布鲁氏菌的主要宿主。

牛种布鲁氏菌（流产布鲁氏菌）的主要宿主是牛，而对羊、猴、豚鼠等动物有一定易感性；羊布鲁氏菌（马耳他布鲁氏菌）的主要宿主是山羊和绵羊，可以由羊传入牛群，也可在牛群之间传播。

动物对布鲁氏菌的易感性似随性成熟年龄的接近而增加，如犊牛在配种年龄前较不易感染。但是也有人给犊牛饲喂病牛乳时可由犊牛组织或排泄物中找到布鲁氏菌，不过一般在数月内给犊牛可以摆脱感染。疫区内大多数后备母牛在第一胎流产后则多不再流产，但也有连续几胎流产者。性别对布鲁氏菌的易感性并无显著差别，但是公牛似有一些抵抗力。

（二）实验动物

在各种实验动物中，豚鼠对布鲁氏菌最易感，因此是研究布鲁氏菌病的最佳实验动物模型。此外，小鼠、兔等动物也可感染布鲁氏菌。

四、流行特征

（一）影响流行的因素

1. 自然因素 布鲁氏菌病的发生和流行，与气候的关系非常密切，暴风、雨雪、寒流、洪水或干旱使牲畜的抵抗力降低，因此很容易增加布鲁氏菌病传播的概率，甚至造成暴发流行。

2. 社会因素 包括居民生活条件及卫生知识；畜群分群、合群、重组；动物免疫状况；牲畜调运、交易；乳、肉、皮毛的加工、交易、使用；战争等。

（二）布鲁氏菌病的自然疫源性

布鲁氏菌病的自然疫源性是指布鲁氏菌在自然界的野生动物中传播，是独立于人、畜布鲁氏菌病之外的一个完整的传播疾病循环。人和家畜是在一定条件下才被传染的。在布鲁氏菌的6个生物种中，已确定沙林鼠种是自然疫源性的菌种，自分离以来从未发现人、畜感染的病例，它在森林鼠中自然地循环着。

有人从布鲁氏菌病疫区捕获的蜱、螨虫及其他野生动物材料中分离到布鲁氏菌。已知60余种野生动物布鲁氏菌病血清学检测结果呈阳性或能从中分离到布鲁氏菌。

从现有资料分析及经验表明，虽然布鲁氏菌病属于自然疫源性疾病，但是对人、畜布鲁氏菌病的影响不大。可能是由于布鲁氏菌病自然疫源地不同于其他自然疫源地那样广泛，只是在某些有限地区及特殊的生物群落中存在，不是有布鲁氏菌病流行的地区就一定有自然疫源地的存在。

（三）不同疫区的流行特点

1. 牛布鲁氏菌病疫区 只有北欧的少数国家宣布没有牛布鲁氏菌病。流行疫区感染率高而发病率低，一般呈散在发病。牛对本病的易感性随着性器官的成熟而增加，犊牛对本病有一定的抵抗力。虽然牛种布鲁氏菌的毒力总体较弱，但却有较强的侵袭力，易造成牛布鲁氏菌病的暴发流行。牛种布鲁氏菌对人的致病性较轻，但人感染率高，呈散在发病，症状不典型，病程短。

2. 羊布鲁氏菌病疫区 除北美洲、北欧、东南亚、大洋洲以外的所有国家和地区几乎都有羊布鲁氏菌病的流行，流行严重地区主要集中于地中海地区、非洲和南美洲等。羊种布鲁氏菌的毒力强，最容易出现羊布鲁氏菌病的暴发流行，且疫情重，大多数会出现典型临床症状，对人的感染力也最强。因此，羊布鲁氏菌病的流行地区人布鲁氏菌病的发病率也比较高。在老疫区，感染仍在继续，新发病人少见，随着易感人、畜的增加，又可出现新的流行。

3. 猪布鲁氏菌病疫区　猪布鲁氏菌病在美国南部广泛分布，主要是由亚种 1 引起，在欧洲（除了没有布鲁氏菌病的英国和斯堪的纳维亚）有少量流行。在非洲，一些国家有该病的报道，但是在非洲大陆上猪的养殖数量不多，因此实际情况也不清楚。在亚洲，特别是在东南亚，猪布鲁氏菌病有较高的流行性，中国和新加坡主要由亚种 3 引起，其他地区则由亚种 1 引起。在澳大利亚，猪布鲁氏菌病仅在 Queensland 联邦的猪群中发生。猪种布鲁氏菌的毒力介于牛种、羊种之间，对人的致病力比牛种布鲁氏菌强，除个别病例有中毒症状外，大多数病例无急性期临床表现。

4. 混合型布鲁氏菌病疫区　在羊、牛、猪 3 种或其中 2 种布鲁氏菌混合存在的疫区，布鲁氏菌病的流行特点由当地存在的主要菌种所决定。

第四节　临床症状和病理变化

一、临床症状

潜伏期 2 周至 6 个月。母牛最显著的临床症状是流产。试验感染虽见弛张热，但在自然临床诊断上常被忽略。流产可以发生在母牛妊娠的任何时期，最常发生在妊娠的第 6～8 个月。已经流产的母牛如果再次流产，时间一般比第一次流产时要迟。流产前几天表现分娩征兆，如阴唇、乳房肿大，荐部与胁肋部下陷，以及除乳汁呈初乳性质等外，还有生殖道的发炎症状，即阴道黏膜出现粟粒大小的红色结节，由阴道流出灰白色或灰色黏性分泌液。流产时，胎水多清亮，但有时有脓样絮片。常见胎衣滞留，特别是见妊娠后期流产者。母牛流产后常继续排出污灰色或棕红色分泌液，有时恶臭，分泌液延迟至 1～2 周后消失。早期流产的胎儿，通常在母牛分娩前已经死亡。发育完全的胎儿，产出时可能存活，但非常虚弱，多在不久后死亡。公牛有时可见阴茎潮红、肿胀，更常见的是睾丸炎及附睾炎。急性病例其睾丸肿胀、疼痛，还可能伴有重度发热与食欲不振，以后疼痛逐渐减轻，3 周后通常只见睾丸和附睾肿大，触之坚硬。临床诊断上常见的症状还有关节炎，甚至可见于曾流产的母牛关节肿胀、疼痛，有时持续躺卧。通常是个别病例关节患病，最常见于膝关节和腕关节，腱鞘炎比较少见，滑膜囊炎特别是膝滑液囊炎则比较常见，有时有乳腺炎的轻微症状。

如流产胎衣不滞留，则病牛迅速康复，并且还能妊娠，但以后可能会再次流产。如胎衣未能及时排出，则可能发生慢性子宫炎，引起长期不孕。但大多数流产牛经2个月后可以再次受孕。

在新感染的牛群中，大多数母牛都流产一次。如在牛群中不断加入新牛，则疫情可能长期持续。如果牛群不更新，则曾经流产1～2次的母牛可以正常生产，在改善饲养管理的条件下，可能有半数病牛会自愈。但这种牛群绝非健康，一旦新的易感牛只增多，还可引起大批流产。

二、病理变化

胎衣呈黄色胶冻样浸润，有的增厚并混杂出血点。绒毛叶部分或全部贫血，呈苍白色，或覆有灰色、黄绿色纤维蛋白或脓液絮片，或覆有脂肪状渗出物。胎儿的胃特别是皱胃中有淡黄色或白色黏液絮状物，肠、胃和膀胱的浆膜下可见点状或线状出血。浆膜腔中有微红色液体，腔壁上可能覆有纤维蛋白凝块。皮下呈出血性浆膜性浸润。淋巴结、脾脏和肝脏有不等程度的肿胀，有的有散在炎性坏死灶。脐带常呈浆液性浸润、肥厚。胎儿和新生犊牛可能有肺炎病灶。公牛生殖器官精囊内可能有出血点和坏死灶，睾丸和附睾内可能有炎性坏死灶和化脓灶。

第五节　诊断方法

一、病原学诊断

我国流行的布鲁氏菌病病原主要是羊种布鲁氏菌，此外还存在牛种、猪种、犬种布鲁氏菌等。迄今为止，细菌学诊断方法依然是布鲁氏菌病病原诊断的主要方法。传统的样品涂片染色镜检法、分离培养鉴定法的检出率虽然比较低，但却是诊断的“金标准”之一。由于细菌学检测难以获得带菌样品等原因，并且存在生物安全风险，因此在实际生产实践中的使用率很低。

1. 取样分离　我国从羊、牛、猪等家畜，以及黄羊、岩羊、黄鼠等野生动物检出到布鲁氏菌，从牧区水源和羊毛中也检出到布鲁氏菌。检出材料有血液、关节液、滑囊液、骨髓、脑脊液、胸液、淋巴结、脾、肝、肾、肺、乳汁、脓液、胆汁、尿液、阴道分泌物、睾丸、精液、流产羔羊、流产胎盘、正常产胎盘、生鲜奶油、羊毛20余种。由于受取材难易等的影响，因此人多由血液、关节液、滑囊液、骨髓中检出，羊多由流产羔羊、胎盘、死羔中检出，牛多由流产犊牛、乳汁中检出。

（1）*流产胎儿*　将流产胎儿放入3%来苏水中浸泡20～30min，在无菌条件下解剖，取淋巴结、肝、脾、胃内容物、肺、骨髓接种到布鲁氏菌用普通培养基或选择性培养基中，37℃培养，4～5d可获得阳性结果。以后每隔1d观察一次结果，12d未长菌的可定为阴性。

（2）胎衣　取流产或正常产的胎衣，用清水冲洗掉粪便等污秽物，在无菌条件下剪取数个子叶，用灭菌研磨器磨碎或用剪刀剪成糊状，接种在选择性培养基或用少量灭菌生理盐水稀释后注射入豚鼠体内进行生物学检查。

（3）阴道分泌物　将动物的外阴部用高锰酸钾溶液洗净，用阴道扩张器打开阴道，将灭菌的棉拭子插入阴道，轻轻转动棉拭子，使子宫口处的分泌物吸附在棉拭子上，取出棉拭子直接涂在选择性培养基上；或将棉拭子浸入灭菌生理盐水中，再将洗液注射到豚鼠体内进行细菌纯化分离。

（4）尿液　用灭菌的 9 号导管慢慢插入尿道 5～10cm，将流出的尿液收集到灭菌试管中，参考人尿液培养方法进行细菌的培养分离。

（5）乳汁　去掉最初乳汁，将挤出的乳汁装入灭菌试管中，3 000r/min 离心 10min，取上层奶脂及沉淀物接种于选择培养基上，或注射入豚鼠体内做细菌纯化分离。也可采用穿刺法取乳房乳糜池中的乳汁进行培养分离，这种培养获得的阳性率更高。

（6）血液　用双相培养基培养，即无菌条件下采集血液 4～5mL，注入 5～6 支双相培养基中，使被检血液分布于琼脂斜面，37℃培养。怀疑是牛种布鲁氏菌感染时，应将其中一半标本置于 CO_2 环境中培养，3d 后观察结果。如未见布鲁氏菌生长，可再倾斜，使血液涂在琼脂斜面继续培养，每天观察一次。培养 30d 未出现布鲁氏菌生长者，判定样品结果为阴性。

（7）脏器组织　布鲁氏菌多寄生于网状内皮系统，因此应多将这类脏器组织剪碎后直接涂布在布鲁氏菌培养基上培养。其中，脾脏的出菌率高，肝脏、肾脏次之，下颌、颈、肩前、腹主动脉淋巴结也有较高的出菌率。

2. 培养基与培养　培养布鲁氏菌要求的营养条件高，需要氨基酸、硫胺素、烟酰胺、生物素、镁、铁、钙等各种营养成分。有的菌种（如绵羊附睾种布鲁氏菌）需要有血清才能生长。布鲁氏菌生长速度缓慢，主要是迟滞期长，并且每分裂一次需要的时间长。试验表明，布鲁氏菌每分裂一次需要 132～227min，相当于大肠杆菌（18～20min）分裂一次所需时间的 8～12 倍。从血液、骨髓、尿、动物脏器等材料进行分离培养时，通常需要 4～6d，有的甚至需要 20～30d（双相培养基）才能长出菌落。适应实验室传代的菌株，培养 36～48h 可以长出菌苔。

布鲁氏菌生长所需温度为 20～40℃，最适温度为 37℃，超过 42℃则不能生长。绵羊附睾种和牛种布鲁氏菌的某些生物型菌株需严格的 CO_2（10%），其余菌种均可在普通空气环境中生长。

在固体培养基上培养的布鲁氏菌，菌落无色，半透明，圆形，表面光滑，稍隆起，均质样；菌落中央可见很细小的颗粒，起初透明，以后混浊。菌落大小不同，小者直径 0.05～0.1mm，呈小滴状，大者直径 2mm 左右，这与菌种个体差异、是否变异、营养、时间等因素有关。培养时间长时可呈黄褐色，但仍保持半透明。粗糙型布鲁氏菌菌落则与其他细菌的粗糙型菌落相似。在液体培养基上均匀混浊生长，不形成菌膜。若用陈旧培养物，则粗糙型菌可在管壁出现环状或在管底出现絮状沉淀。

3. 实验动物接种 当病料污染严重时，可用实验动物接种法获得纯培养物。豚鼠是布鲁氏菌纯化分离用的最佳实验动物。对于布鲁氏菌强毒株，10～1 000个菌就可感染豚鼠，而非致病性污染菌则可以被机体清除。

（1）*接种方法* 取病料制备成注射液，若是组织病料应先破碎细胞后制成注射液，采用皮下注射方法接种。

（2）*毒力测定* 测定方法主要有2种：脾脏含菌量和最小感染量。

①脾脏含菌量的测定 用至少5只豚鼠或小鼠，每只皮下注射布鲁氏菌10亿个，15～20d后取脾脏称重，混合破碎细胞后接种培养基，计算每克脾脏的含菌量。

②最小感染量的测定 将至少35只豚鼠或小鼠分成5组，至少5只一组，每组分别注射10个、10^2个、10^3个、10^4个、10^5个布鲁氏菌，注射后40～50d取淋巴结和脾脏分离布鲁氏菌，能使组内所有豚鼠感染的最少量为最小感染量。

4. 分离物鉴定

（1）*形态染色* 布鲁氏菌属是一组微小的球状、球杆状、短杆状细菌。长0.60～1.50μm，宽0.3～0.6μm。显微镜下可见羊种布鲁氏菌为明显的球杆状，牛种和猪种布鲁氏菌为短杆状。当环境因素发生变化时，布鲁氏菌的形态可以改变。羊种布鲁氏菌在人体内或新鲜培养物中为球形，在陈旧培养物中多呈短杆状。6种布鲁氏菌在形态上难以区分。一般来说，羊种布鲁氏菌最小，牛种布鲁氏菌次之，猪种布鲁氏菌个体较大。布鲁氏菌没有鞭毛，不形成芽孢和荚膜。有人认为在不良条件下可形成荚膜样物质或类似荚膜样结构，其成分为多糖和少量的蛋白质。染色检查多为单个排列，少见成对、短链状或成串排列。布鲁氏菌可被碱性染料着色，革兰氏染色呈阴性，姬姆萨染色呈紫红色。柯兹罗夫斯基提出用0.5%沙黄水溶液染色，加热至出现气泡，水洗后用0.5%孔雀绿或1%美蓝水溶液复染1min，布鲁氏菌被染成红色，其他细菌则被染成绿色或蓝色。

（2）*变异及检查方法* 布鲁氏菌在各种理化因素，如培养时间延长、酸碱度超范围变化、紫外线及各种射线照射，以及在培养基中加入免疫血清、噬菌体、临床上广泛使用抗生素等情况下，可发生退行性变化，菌落形态、抗原结构、毒力、代谢类型、菌体内化学成分含量、免疫原性等会发生改变，这种现象称为变异。常见的变异现象为从光滑型菌落（S型菌落）变为粗糙型菌落（R型菌落）或黏液型菌落（M型菌落）。检查S型菌落变成R型菌落主要采用三胜黄素凝集试验，其具体操作方法包括试管法和玻片法。另外，布鲁氏菌变异毒株的检测方法还有热凝集试验、粗糙型菌株血清凝集试验、斜光镜检法、结晶紫染色检查法等。

①三胜黄素凝集试验法

A. 试管法　将待检布鲁氏菌培养物用灭菌生理盐水制成10亿个/mL（比浊浓度）的菌悬液，取0.6mL放入小试管中，加入0.5mL的0.1%三胜黄素水溶液，摇匀，37℃培养6h后取出置于室温（18～26℃）中，次日观察结果。变异的菌株在悬液中出现凝集颗粒或絮状物，未变异菌株悬液仍为均匀状态。此法为定量法，结果较准确。

B. 玻片法　在清洁无油脂的玻片上滴一滴0.2%的三胜黄素水溶液，取菌悬液1滴，或用铂金耳取少许待检48h的培养物，轻轻研磨均匀后旋转玻片使之混合，立即观察结果。如迅速出现明显的凝集颗粒或絮状物则为阳性，表明细菌已发生变异；在23min内无凝集颗粒出现则为阴性，表明细菌未发生变异。

三胜黄素不易溶于水，配制时应放温箱中，以加速溶解。正常情况下三胜黄素水溶液为淡黄色，宜放冰箱中保存。在室温放置过久则颜色变深，呈黄褐色。采用变质的三胜黄素溶液检查布鲁氏菌是否变异可出现假阳性结果。

②热凝集试验　待检布鲁氏菌48h培养物用生理盐水制成10亿个/mL（比浊浓度）的菌悬液，80℃水浴30min和60min各观察一次结果，并放置室温（18～26℃）中，次日观察最终结果。管底出现明显凝集物沉淀的为阳性，表明被检菌株发生了变异。

③粗糙型布鲁氏菌血清凝集试验　粗糙型布鲁氏菌的抗原成分和结构与光滑型菌株有明显差异。粗糙型菌株既不与光滑型菌株免疫血清凝集，也不与单相特异性A和M血清凝集，但可与粗糙型布鲁氏菌免疫血清发生凝集。具体操作方法包括玻片法和试管法。

A. 玻片法　在清洁无油脂的玻片上滴一滴粗糙型布鲁氏菌血清，用铂金耳取少许待检培养物，研磨均匀，轻轻旋转玻片观察结果，1min内出现肉眼可见凝集颗粒的为阳性，1～3min出现凝集颗粒的为可疑，3min内不出现凝集颗粒的为阴性。

B. 试管法　将待检布鲁氏菌制备成试管凝集试验抗原，与已知的粗糙型布鲁氏菌免疫血清做试管凝集试验，操作程序和结果判定标准与试管凝集试验相同。

④斜光镜检法　将反光镜置于显微镜灯下与实物显微镜之间，将待检布鲁氏菌菌落的琼脂平皿放在载物台上，位置要适宜，使灯光集聚在反光镜表面以45°角反射到琼脂平皿上，然后观察分散的待检菌落。光滑型菌落一般较小，

圆形，边缘整齐，湿润，闪光，呈蓝色或蓝绿色。粗糙型菌落较大，表面干燥，呈颗粒状，灰白色或黄白色。黏液型菌落可以透明或微透明，呈灰白色，有特殊的黏性。

⑤结晶紫染色检查法　在布鲁氏菌菌落的平皿上直接滴上配制好的结晶紫染色液数滴，摇动平皿使染色液均匀分布到琼脂表面，并覆盖菌落，经15～20s吸出多余的染液，用肉眼或放大镜观察结果。光滑型菌落被染成绿色或黄绿色，粗糙型菌落被染成红、蓝、紫等不同颜色。

在上述方法中，三胜黄素凝集试验方法简单、敏感，布鲁氏菌发生轻度变异即可出现阳性结果；热凝集试验方法的敏感性差，只有发生深度变异时才能出现阳性结果；粗糙型布鲁氏菌血清凝集试验方法比较简单，而且特异性好；斜光镜检法操作简单、易观察，但特异性一般，有一定的主观因素；结晶紫染色法不但可以检查布鲁氏菌是否发生变异，而且可以计算出变异的百分率。

5. 可疑布鲁氏菌的鉴定

（1）培养特性的鉴定　布鲁氏菌在普通培养基上不生长，在专用培养基上培养48h或更长时间，可长出“露滴样”、湿润、圆形、稍隆起、表面无色、大小不等的菌落。菌苔的特点是无色（粗糙型菌株呈灰白色）、透明、湿润。

多数牛种布鲁氏菌的初代培养需要CO_2，绵羊附睾种布鲁氏菌的培养需要CO_2。因此，怀疑分离物中含有上述2种布鲁氏菌时，应将其中一份培养物置于10% CO_2条件下培养。

（2）血清凝集试验　用布鲁氏菌阳性血清与培养物做凝集试验。可用玻片凝集试验法做初步检查，但是由于与布鲁氏菌有低滴度抗原交叉的细菌也可出现凝集，因此应以试管凝集试验为准。另外，绵羊附睾种布鲁氏菌等粗糙型菌株与标准（光滑型）布鲁氏菌的阳性血清不凝集，需用该菌免疫血清才能发生凝集，还有一些变异菌和非典型布鲁氏菌也与标准布鲁氏菌血清不凝集。有些细菌，如耶尔森氏菌0∶9，与布鲁氏菌标准血清有高度凝集性，应注意排除。

6. 布鲁氏菌分种、分型鉴定

（1）硫化氢产生试验　不同种型的布鲁氏菌在新陈代谢过程中，对各种氨基酸的需求有所不同。培养过程中，含硫氨基酸如胱氨酸、氨基乙磺酸等，分解时可产生硫化氢、氨和脂肪酸等。这些物质和氧化还原反应关系密切，可影响和调节培养过程中的pH变化。当pH为7.0时，产生的H_2S可以停止游离，但是CO_2可以中和氨基酸，使得剩下的H_2S和醋酸铅发生反应，在滤纸条上形成黑色硫化铅。因此，可以根据滤纸条上变黑的深浅和范围来区别不同种型的布鲁氏菌。

将普通滤纸剪成长7～8cm、宽0.6～0.8cm的小条，经160℃干热灭菌

2h后，浸泡在10%的醋酸铅水溶液中24h，取出后放于灭菌的方盘中，置于烤箱中烤干备用。此醋酸铅滤纸条可长期保存备用。

将被检菌种的培养物用灭菌生理盐水制成10亿个/mL的菌悬液。可采用比浊法，即经无菌操作，将细菌培养物置于灭菌生理盐水中混合均匀，通过与标准比浊管比浊对照，制成终浓度为10亿个/mL的菌悬液。用铂金耳取此浓度菌液，接种在胰蛋白胨琼脂小管斜面上，然后用灭菌镊子夹取醋酸铅滤纸条放于此小管中略长于1/2长度，塞上棉塞使纸条位于棉塞子与试管壁之间。注意纸条应与培养基斜面保持平行，并且不与斜面有接触。置于37℃培养，经2d、3d、4d各观察1次结果。最后取出滤纸条，用透明胶纸将滤纸条夹封在中间，粘在试验记录纸上保存。

凡滤纸条变黑的斜面上培养的菌种，均为H_2S产生阳性，反之为阴性。H_2S产生量的判定：滤纸条颜色越黑表示产生量越多，变黑的时间（每2d换1次滤纸条）越长表示产生量越多。

（2）*染料抑菌试验* 不同种型的布鲁氏菌菌株对硫堇、复红等染料具有不同的还原作用，表现为菌株在染料培养基上生长或抑制。另外，染料浓度对本试验也有影响。因此，可以用不同种类染料，以及不同染料浓度对菌株的抑制作用作为布鲁氏菌分种、分型的鉴定方法。

胰蛋白胨琼脂通过流通蒸汽1h，融化后冷却至50℃左右（不烫手），加入0.1%硫堇染液，使其浓度分别为1∶10万、1∶5万、1∶2.5万；加入0.1%复红染液，使其浓度分别为1∶10万、1∶5万。立即分装到灭菌小管中，每管约4mL培养基，放置成斜面凝固后在37℃中培养24～48h，无菌生长后的培养基置于普通冰箱保存备用。

将被检菌种的培养物用灭菌生理盐水制成0.5亿个/mL的菌悬液，吸取0.03mL（即1mL吸管1滴）接种到不同浓度的染料培养基中，置于37℃培养，分别于24h、48h、72h、96h观察结果。凡在染料培养基中生长者判定为“+”，反之为“−”。

（3）*单因子血清A、M、R凝集试验* 不同种型的布鲁氏菌其表面抗原A、M、R的含量也不同。例如，羊种布鲁氏菌生物1型的A和M抗原比例为1∶20，而牛种布鲁氏菌生物1型的A和M抗原比例为20∶1。R抗原为粗糙型布鲁氏菌或由光滑型布鲁氏菌变异的粗糙型所具有，菌株对R血清表现活性，可用作布鲁氏菌种型鉴定。

被检菌株用0.5%石炭酸生理盐水制成试管凝集反应抗原应用液的浓度（悬浮比浊法）。A、M血清分别作1∶10、1∶20、1∶40、1∶80、1∶160稀释（稀释剂用0.5%石炭酸生理盐水），然后分别取0.5mL抗原应用液与0.5mL不同稀释度的血清混合，置于37℃孵育24h观察结果。对R血清的凝集试验除所用稀释剂为 pH 是 8.9 的碳酸盐缓冲液外，其他操作同 A、M 血清凝集试验。凝集者判为阳性，反之为阴性。

(4) 噬菌体裂解试验　布鲁氏菌噬菌体对不同种型的布鲁氏菌菌株具有不同的裂解作用，这种作用不但与噬菌体的种类有关，而且与噬菌体的浓度有关。Tb 噬菌体是目前公认的稳定和具有特异性的噬菌体，已用于布鲁氏菌的常规鉴定。它能裂解所有牛种布鲁氏菌，猪种布鲁氏菌仅被 RTD×10^4 浓度的噬菌体裂解，羊种布鲁氏菌均不被裂解。

用灭菌棉棒吸取被检菌液（10 亿个/mL），在胰蛋白胨琼脂平皿上划一条线。一个平皿可划 3 条线，即可做 3 种菌株的试验。然后，在平皿背面做上标记。待菌液吸干后，用铂金耳取 RTD 浓度的噬菌体，只接种于菌液划线部位的两端，使其与菌液重叠。以同样的方法接种 RTD×10^4 浓度的噬菌体，最后将平皿置于 37℃培养，分别于 24h、48h、72h、96h 观察结果。

凡菌株在整个划线部位生长一致的，表明噬菌体对此菌不裂解，记作阴性；凡划线的其余部位生长而接种噬菌体的部位不生长，表明噬菌体对此菌裂解，记做阳性。

(5) 氧化代谢试验（薄层层析法）　将吸附剂或支持物（如硅胶等）涂一薄层在玻璃板、塑料板或铝板上，将待分析的样品滴加到薄层上，然后用合适的溶剂进行展开，使样品中的各成分分离，最后进行定性或定量鉴定。本法也叫薄层分离法或薄层色谱法。

①待检菌液准备　将待检菌 24h 或 48h 的培养物用 pH 为 7.2 的 0.15mol/L 磷酸盐缓冲液冲洗，3 000r/min 离心 30min；去上清液，菌体沉淀用磷酸盐缓冲液洗涤 2 次；将所得的菌体沉淀称重，以 1g 菌体沉淀加 10mL 磷酸盐缓冲液配成菌悬液，将每种菌的悬液分成 2 份。

②阴性对照　取一份菌悬液在 100℃水浴中加热 30min，以破坏酶的活性，作为阴性对照。

③振荡培养　未加热的菌悬液及阴性对照各取 1mL 加入离心管中，同时各管加入 0.1mL 0.5%（w/v）的氨基酸或糖溶液，然后放入 37℃水浴中振荡培养 16h。

④离心取上清液　3 000r/min 离心 30min，吸取上清液。

⑤点样　取样品和阴性对照上清液 5μL 在硅胶薄层上点样，同时取 0.5%稀释 10 倍的标准氨基酸或糖溶液 5μL 点样。

⑥展开　氨基酸的展开剂为正丁醇：冰醋酸：水（v/v/v）=4：1：11；糖的展开剂为乙酸乙酯：异丙醇：水（v/v/v）=65：24：12。薄层放在展开剂中 8～10cm。

⑦显色　氨基酸的显色剂为茚三酮试剂（茚三酮 0.25g＋丙酮 25mL＋冰醋

酸 1.25mL)；糖的显色剂为二苯胺∶苯胺∶85%磷酸∶丙酮＝4g∶4mL∶20mL∶200mL。展开的薄层板干后用显色剂喷雾，然后将薄层板放入 85℃（点糖板）或 105℃（点氨基酸的板）烤箱中烘烤 15min，取出观察点样的颜色。

⑧结果判定 阴性对照有颜色，样品不出现颜色，完全代谢（“++”）；阴性对照有颜色，样品出现轻度颜色，部分代谢（“+”）；阴性对照和样品均有颜色，无代谢（“—”）。

注意事项：如果阴性对照点不出现颜色，说明菌液加热时间需延长，以便完全破坏酶的活性；氨基酸及糖的对照溶液应为清楚、界限明显的单个斑点，如产生很多斑点，则基质应换新的批号。

二、分子生物学诊断

分子生物学技术尤其是 PCR 技术以其快速、准确、高效而成为布鲁氏菌检测研究应用较多的方法。1994 年，Betsy J Bricker 和 Shirley M Halling 针对牛种、羊种、绵羊种、猪种布鲁氏菌设计了不同的引物，应用 PCR 技术扩增在不同种间存在重复差异的布鲁氏菌保守重复基因单元 IS711，对美国 107 株野外分离菌株进行检测，能够将其全部鉴定，并与传统检测方法所得结果的符合率达 100%，表明这种方法敏感、可信。1999 年，Serpel 等报道了用 PCR 一步法快速检测干酪和牛乳中布鲁氏菌的方法；2000 年，Sreevatsan 等报道了用联合 PCR 从感染牛的乳汁、鼻分泌物中检测布鲁氏菌和结核分枝杆菌的方法。PCR 已成为鉴定布鲁氏菌种型非常重要的工具，只需少量的样品即可在短时间内得到结果。对于布鲁氏菌的鉴定，基于 PCR 方法比常规方法越来越实用，并且还在不断发展成熟，但是要用于实验室常规布鲁氏菌病监测，在敏感性、特异性、质量控制和质量保证方面还需要大量临床样品进行全面验证。我国于 1995 年开始布鲁氏菌病 PCR 检测技术的研究，2001 年报道用于诊断布鲁氏菌病，但是临床应用仅限于流行病学研究。

根据编码牛种布鲁氏菌一种免疫原性膜蛋白 *BCSP31* 基因序列设计引物，扩增 *BCSP31* 基因，扩增片段长度为 223bp，建立了鉴定布鲁氏菌的常规 PCR 检测方法。该方法的反应特异性、灵敏性、重复性和稳定性都比较理想，为布鲁氏菌的检测提供了一种有效选择。

用引物 P5、OPL04 和引物组合 P4/5，建立的随机引物 PCR（arbitrary primer-PCR，AP-PCR）方法，因快速、简捷的优点而广泛用于布鲁氏菌分子流行病学研究，分析其 DNA 的多态性，是追查菌源的有效方法之一。

用多重 Taq-Man 荧光 PCR 技术检测布鲁氏菌的结果显示，布鲁氏菌属、牛种布鲁氏菌和羊种布鲁氏菌等有各自的荧光信号，检测下限均为 100 个/μL，是常规 PCR 灵敏度的 100 倍。本方法具有灵敏度高、快速、易操作等优点，可用于布鲁氏菌的快速鉴定。

（一）AMOS-PCR

该方法由 Bricker 和 Hallingt 等建立，根据布鲁氏菌染色体上的 IS711 插入序列的多态性，通过设计 5 个核苷酸序列特异的引物来鉴定不同种属布鲁氏菌，具体步骤如下：

1. 引物设计和处理 用于扩增布鲁氏菌属特异性的 *BCSP31* 基因引物和包含 IS711 片段的种特异性基因引物见表 1-4。其中，R_{IS711} 存在于 *IS711* 基因内，不同的 F 引物则对应于 *IS711* 基因外侧。将 $F_{abortus}$、$F_{melitensis}$、F_{ovis} 和 F_{suis} 配成引物混合液储存液（简称“AMOS 引物”），浓度为 25μmol/L，其他各引物的储存液浓度均配成 25μmol/L。

表 1-4 不同种属布鲁氏菌扩增引物序列

引物	序列（5′-3′）	扩增片段（bp）
F_{BCSP31}	TGGCTCGGTTGCCAATATCAA	223
R_{BCSP31}	CGCGCTTGCCTTTCAGGTCTG	
$F_{abortus}$	GACGAACGGAATTTTTCCAATCCC	494
$F_{melitensis}$	AAATCGCGTCCTTGCTGGTCTGA	733
F_{ovis}	CGGGTTCTGGCACCATCGTCG	976
F_{suis}	GCGCGGTTTTTCTGAAGGTTCAGG	285
R_{IS711}	TGCCGATCACTTAAGGGCCTTCAT	
Feri	GCGCCGCGAAGAACTTATCAA	178
Reri	CGCCATGTTAGCGGCGGTGA	

2. 布鲁氏菌 DNA 的制备 用灭菌的接种环，挑取琼脂平板上培养的一个布鲁氏菌菌落，将其转移到 200μL 的生理盐水中，煮沸 10min；然后 12 000 r/min 离心20s，取上清液备用（其中 DNA 浓度为 0.05～0.1μg/μL）。

3. PCR 反应体系 50μL 的反应体系中，含 5μL 10×Buffer，8μL 2.5mmol/L dNTPs，2μL AMOS 引物混合液，各 2μL R_{IS711}、F_{BCSP31}/R_{BCSP31}、2μL Feri/Reri 储存液，2U Taq 酶，1μL 模板 DNA（或用接种环蘸取少量菌体）。

4. PCR 反应程序 95℃ 5min 后，按 94℃ 1min、60℃ 1.5min、72℃ 1.5min 进行 28 个循环，最后 72℃延伸 10min。扩增引物用 1.5%琼脂糖凝胶进行电泳鉴定。

5. 检测结果判定 牛种布鲁氏菌扩增出的片段大小分别为 494bp、223bp 和 178bp；羊种布鲁氏菌扩增出的片段大小分别为 733bp、223bp 和 178bp；犬种布鲁氏菌扩增出的片段大小分别为 223bp 和 178bp；绵羊附睾种布鲁氏菌扩增出的片段大小分别为 976bp、223bp 和 178bp；猪种布鲁氏菌扩增出的片段大小分别为 285bp、223bp 和 178bp。

（二） Bruce-ladder 多重 PCR

1. 操作程序　95℃预变性 7min；95℃变性 35s，64℃退火 45s，72℃延伸 3min，共进行 25 个循环；最后 72℃延伸延伸 6min。扩增引物用 1.5%琼脂糖凝胶进行电泳鉴定，用 1kb 的 DNA Marker 作为指示剂，EB 染色后在紫外灯下观察电泳结果（表 1-5）。

表 1-5　反应体系（一次反应，总体积 25μL）

成分	终浓度	体积（μL）
PCR Buffer 10×	1	2.5
dNTPs（2mmol/L）	400μmol/L	5.0
Mg^{2+}（50mmol/L）	3.0	1.5
Bruce-ladder 8 对引物（12.5μmol/L）	6.25pmol	7.6
水（PCR 级别）	—	7.1
DNA 聚合酶（U）	1.5	0.3
模板（μg）	0.05～0.1	1

注：由于此反应体系是含有 8 对引物的多重 PCR，因此要取得好的效果需要使用高质量的 DNA 聚合酶，且每次试验均要做一个无 DNA 的阴性对照和以猪种布鲁氏菌 DNA 为模板的阳性对照。

2. 结果判定　牛种、羊种、猪种、犬种布鲁氏菌均能扩增出预期片段，扩增片段大小分别为 494bp、732bp、591bp、272bp。对应的灵敏度分别为 1.1×10^2CFU/mL、5.1×10^2CFU/mL、3.5×10^2CFU/mL、2.5×10^2CFU/mL。

三、免疫学诊断

（一） 虎红平板凝集试验

布鲁氏菌病虎红平板凝集试验与卡片试验、缓冲平板凝集试验一样，是一种缓冲布鲁氏菌抗原试验，在国际贸易中，作为牛、羊、猪布鲁氏菌病诊断的指定试验，用作筛选试验用。

1. 试验原理　当血清中存在的布鲁氏菌抗体达到 22IU/mL 时，与布病虎红平板凝集试验抗原结合后，会在约 4min 内出现肉眼可见的凝集颗粒。因此，通过观察是否出现反应颗粒可判定血清中是否存在布鲁氏菌抗体。

2. 材料

（1）血清样品　马、牛、羊从颈静脉采血，猪从耳静脉或腋窝静脉窦采血。采血部位应事先剪毛、消毒。采血时应慢慢抽取，避免产品气泡进而引起溶血，影响试验结果。采血应在早晨饲喂前或停食 6h 后进行，以免血清混浊。冬季采血，还应防止冻结，以免溶血。待血清析出后分离备用。

（2）抗原与对照血清　本抗原是将布鲁氏菌死菌体经虎红染料染色，悬浮于 pH 为 3.7 左右的缓冲液中制成。静置时上层为清亮无色或略呈红色的液体，瓶底有红色菌体沉淀，使用前需充分摇匀。抗原是用国际标准阳性血清标定制备的，对国际标准阳性血清凝集价为 1∶55 不凝集、1∶45 出现凝集。抗原在 4～15℃冰箱中或冷暗处保存，不能冻结或暴晒，使用前需恢复至室温。

①阳性血清　由人工免疫或自然感染布鲁氏菌的家畜血清制备而成，其凝集价不低于 1∶800。

②阴性血清　由健康、无布鲁氏菌感染抗体的家畜血清制成。

3. 操作步骤

（1）试验前，应将血清和抗原在室温放置 30～60min。

（2）将玻璃板上各格标记被检血清号，然后加入相应被检血清 0.03mL。

（3）在被检血清旁滴加虎红平板凝集抗原 0.03mL。

（4）用牙签类小棒搅动血清和抗原，使之充分混合，在 4min 内观察结果。

（5）每次试验应设阴、阳性血清对照。

4. 结果判定

（1）在阴、阳性血清对照成立的条件下，方可对被检血清进行判定。

（2）被检血清在 4min 内出现肉眼可见的凝集现象则判为阳性（＋），无凝集现象且呈均匀的粉红色则判为阴性（－）。

结果见图 1-1。

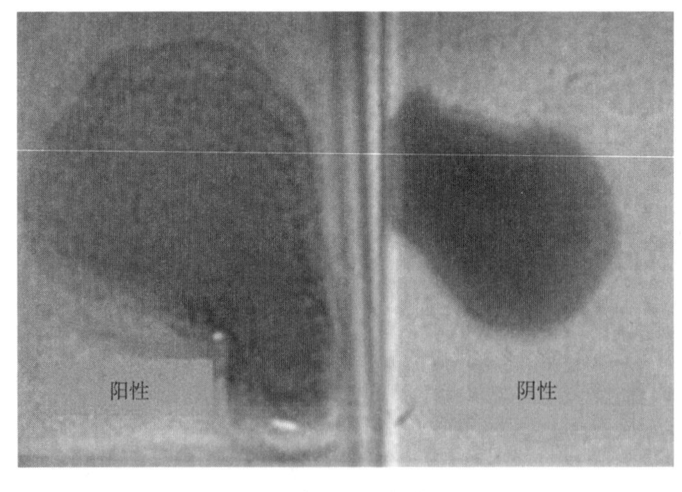

图 1-1　虎红平板凝集试验

（二）试管凝集试验

1. 试验原理　血清中存在的布鲁氏菌抗体与布鲁氏菌病试管凝集试验抗原混合后，37℃反应24h，会出现抗原抗体复合物凝集颗粒而沉淀于试管底部，使得液体中无悬浮的抗原或悬浮的抗原减少，液体变得清亮。与标准比浊管对照，可判定血清中是否存在布鲁氏菌抗体。

2. 材料

（1）血清样品　要求与布鲁氏菌病虎红平板凝集试验相同。

（2）抗原与对照血清　本抗原是将布鲁氏菌死菌体悬浮于0.5%苯酚生理盐水中制成。静置时上层为清亮无色或略呈灰白色的液体，瓶底有菌体沉淀，使用前应充分摇匀。国内所用的抗原是用国际标准阳性血清标定制造的，1∶20的抗原稀释液对国际标准阳性血清凝集价为1∶1 000（“++”）。使用时，用0.5%苯酚生理盐水作1∶20稀释。

①阳性血清　由人工免疫或自然感染布鲁氏菌的家畜血清制备而成，其凝集价不低于1∶800。

②阴性血清　由健康无布鲁氏菌感染抗体的家畜血清制成。

3. 操作步骤

（1）血清稀释　牛用1∶50、1∶100、1∶200和1∶400共4个稀释度，大规模检疫时也可用2个稀释度，即1∶50和1∶100。试验时，先将血清在试管中作1∶25和1∶50稀释，每管0.5mL。

（2）抗原稀释　用0.5%苯酚生理盐水将抗原原液作1∶20稀释。

（3）加样　将稀释后的抗原加入各血清稀释管中，每管0.5mL，摇匀后进行反应。此时，血清稀释度变为1∶50和1∶100。37℃反应24h后，观察并记录结果。每次试验均应设阳性血清、阴性血清和抗原对照。

①阴性血清对照　阴性血清的稀释和加抗原的方法与被检血清相同。

②阳性血清对照　阳性血清需稀释到原有滴度，加抗原的方法与被检血清相同。

③抗原对照　先加入1∶20稀释抗原液5mL，再加入0.5mL稀释液，观察抗原是否有自凝现象。

（4）比浊管制作　取20倍稀释抗原5～10mL，加入等量的0.5%苯酚生理盐水，然后按表1-6配制比浊管。

表1-6　比浊管配制

管号	抗原稀释液（mL）	苯酚生理盐水（mL）	清亮度（%）	标记
1	0	1.0	100	++++

（续）

管号	抗原稀释液（mL）	苯酚生理盐水（mL）	清亮度（%）	标记
2	0.25	0.75	75	+++
3	0.50	0.50	50	++
4	0.75	0.25	25	+
5	1.0	0	0	—

4. 结果判定

（1）每次试验需配制比浊管作为判定的标准依据，参照比浊管，按各试管上层液体清亮度判读。

“++++”：指菌体完全凝集，100%下沉，上层液体100%清亮；

“+++”：指菌体几乎完全凝集，上层液体75%清亮；

“++”：指菌体凝集显著，上层液体50%清亮；

“+”：指凝集物有沉淀，上层液体25%清亮；

“—”：指凝集物无沉淀，上层液体均匀混浊。

（2）牛1∶100血清稀释出现“++”以上凝集现象时，被检血清判定为阳性。

（3）牛1∶50血清稀释出现“++”以上凝集现象时，被检血清判定为可疑。有可疑的牛经3～4周后应重检，如果仍为可疑则该牛判为阳性。

（三）补体结合试验

补体结合试验（complement fixation test，CFT）至今仍是布病的重要诊断方法之一，是牛、羊、绵羊布病诊断的国际贸易指定试验，可作为确诊试验用。

1. 试验原理 血清中存在的布鲁氏菌抗体与补体结合抗原结合后，会与补体结合，再加入溶血素和红细胞特异性抗原抗体复合物时，由于补体已被布鲁氏菌抗原抗体复合物结合，从而无法再与溶血素和红细胞抗原抗体复合物结合，因此就不会出现补体破坏红细胞而产生溶血现象。据此，可以通过溶血与否来检测血清中是否存在布鲁氏菌抗体。

2. 材料

（1）血清样品 被检血清的要求与家畜布鲁氏菌病虎红平板凝集试验相同，在试验前血清需恢复至室温（18～26℃）。

为消除血清中补体对试验的影响，试验前需将血清灭活。血清用生理盐水作1∶10稀释，于58～59℃水浴箱中灭能30min。

（2）抗原与对照血清　本抗原是将布鲁氏菌死菌体高压浸泡，提取可溶性成分悬浮于0.5%苯酚生理盐水中制成。抗原溶液为无色、淡白色或淡黄色液体。

①阳性血清　由人工免疫或自然感染布鲁氏菌的家畜血清制备而成，其凝集价不低于1∶800。

②阴性血清　由健康无布鲁氏菌的家畜血清制成。

（3）溶血素　冻干制品为淡红色或淡黄色的疏松团块，加稀释液后迅速溶解。液体溶血素为淡红色或淡黄色，其中含有50%甘油。

（4）补体　冻干制品为淡红色或淡黄色的疏松团块，加稀释液后迅速溶解，也可选择健康的豚鼠制备补体。

方法：豚鼠禁食6～8h后，于使用前1d从心脏采血，血清分离后混合保存于低温冰箱备用。每次进行补体结合试验时，应于当天测定补体效价。补体效价是指发生完全溶血所需最小补体量的稀释度，计算公式为：

补体效价＝原补体稀释倍数×使用时每管加入量/完全溶血所需最小补体量

（5）红细胞　多采用绵羊红细胞。采取成年公绵羊血液，以阿氏液或脱纤维方法抗血凝。试验当天，用生理盐水离心洗涤绵羊血至无溶血后，以2 000r/min离心沉淀10min，去除上清液，取下沉的红细胞，以生理盐水配制成2.5%红细胞悬液。

3. 操作步骤

（1）将按1∶10稀释经灭能的受检血清加入2支三分管内，每管0.5mL。

（2）其中一管加工作量抗原0.5mL，另一管加稀释液0.5mL。

（3）上述2管均加工作量补体，每管0.5mL，振荡混匀。

（4）置37～38℃水浴20min，取出放于室温（22～25℃）中。

（5）每管各加2U的溶血素0.5mL和2.5%红细胞悬液0.5mL，充分振荡混匀。

（6）再置37～38℃水浴20min，之后取出立即进行第一次判定。

（7）每次试验需设阳性血清、阴性血清、抗原、溶血素和补体对照。主试验各要素添加量和顺序见表1-7。

表1-7　布鲁氏菌病补体结合试验的主试验（mL）

血清	被检血清		对照管						
			阳性血清		阴性血清		抗原	溶血素	补体对照
血清加入量	0.5	0.5	0.5	0.5	0.5	0.5	0	0	0
稀释液	0	0.5	0	0.5	0	0.5	0	1.5	1.5
抗原	0.5	0	0.5	0	0.5	0	1.0	0	0

（续）

血清	被检血清		对照管						
			阳性血清		阴性血清		抗原	溶血素	补体对照
工作量补体	0.5	0.5	0.5	0.5	0.5	0.5	0.5	0	0.5
37～38℃水浴 20min									
2U 溶血素	0.5	0.5	0.5	0.5	0.5	0.5	0.5	0.5	0
2.5%红细胞	0.5	0.5	0.5	0.5	0.5	0.5	0.5	0.5	0.5
37～38℃水浴 20min									
判定结果举例	++++	—	++++	—	—	—	—	++++	++++

4. 结果判定

（1）第一次判定，要求不加抗原的阳性血清对照管、不加或加抗原的阴性血清对照管及抗原对照管均呈完全溶血反应。

（2）初判后静置 12h 作第二次判定，要求溶血素对照管、补体对照管呈完全抑制溶血。

（3）对照正确无误即可对被检血清进行判定，被检血清加抗原管的判定参照标准比色管记录结果。

（4）结果是 0～40%溶血判为阳性反应，50%～90%溶血判为可疑反应，100%溶血判为阴性反应。

（四）全乳环状试验

1. 试验原理 当乳汁中存在特异性布鲁氏菌凝集抗体时，部分抗体被乳汁中的脂肪球吸附，与加入的带颜色布鲁氏菌抗原结合出现凝集反应，由于乳脂比重小而浮在乳汁表层。因此，在乳脂层中形成带色环状带，而其他部分无色。

2. 材料

（1）待检乳样 待检乳样必须为新鲜的全脂乳，凡腐败、变酸和冻结的乳均不可用。采集乳样时，应先将奶牛的乳房用温水擦洗干净，再用纱布擦干，最后将乳汁挤入洁净的容器中。夏季采集的乳样应于当天进行检测。如需延后检测，则应保存于 2～8℃冰箱中，7d 内可用。

（2）抗原 本抗原是将布鲁氏菌染色后灭活，菌体悬浮于甘油苯酚生理盐水中制成。静置后上层为清亮无色或略呈暗红色的液体，瓶底有暗红色菌体沉淀，使用时应充分摇匀。国内所用的布鲁氏菌病全乳环状反应抗原是用国际标准阳性血清标定制造的，1∶20 的抗原稀释液对国际标准阳性血清凝集价为 1∶1000（“++”）。

3. 操作步骤　将新鲜全乳 1mL 加入灭菌小试管中，同时加入布病全乳环状试验抗原 1 滴（约 0.05mL），充分振荡混匀。置于 37℃水浴中反应 1h，反应完毕后立即进行结果判定。

4. 结果判定

（1）强阳性反应（“+++”）　乳柱上层乳脂形成明显的红色或蓝色环带，乳柱呈白色，分界清晰。

（2）阳性反应（“++”）　乳柱上层乳脂形成比较明显的红色或蓝色环带，乳柱呈白色，分界较清晰。

（3）弱阳性反应（“+”）　乳柱上层乳脂形成的环带颜色较浅，但比乳柱的颜色深。

（4）疑似反应（“±”）　乳柱上层乳脂形成的环带不甚明显，并与乳柱分界模糊，乳柱带有红色或蓝色。

（5）阴性反应（“—”）　乳柱上层无任何变化，乳柱呈均匀而混浊的红色或蓝色。

注意事项：对患乳腺炎及其他乳腺疾病的母牛进行布病检测时，不能用其乳汁及初乳，脱脂乳及煮沸过的乳亦不能用作环状反应。

（五）酶联免疫吸附试验

酶联免疫吸附试验（enzyme-linked immunosorbent assay，ELISA）是一种高敏感性的检测布鲁氏菌抗体的试验，并且操作方便，不但可以用于血清学诊断，还可用于乳汁等的检测。既可作为筛选试验，也可作为确诊试验使用。使用较多并且有商业化试剂盒的方法主要是间接酶联免疫吸附试验（indirect enzyme-linked immunosorbent assay，iELISA）和竞争酶联免疫吸附试验（competitive enzyme-linked immunosorbent assay，cELISA）。在国际贸易中，这 2 种方法已作为牛布病检测的指定试验。

1. 间接酶联免疫吸附试验

（1）试验原理　先将布鲁氏菌抗原吸附到固相载体上，再加入特异性抗血清，抗血清与吸附到载体上的抗原相结合，形成抗原-抗体复合物。加入酶标记的抗球蛋白，形成抗原-抗体-酶标记物的复合物。加入底物，酶对底物的作用形成有颜色的产物。由于血清中抗体量不同，因此结合酶标记物的量也不同，形成的产物颜色深浅不一。

（2）试验器材和试剂　主要有：青岛立见生物科技有限公司布鲁氏菌间接 ELISA 抗体检测试剂盒、96 孔板、100μL、200μL 的单道或多道微量移液器，吸头，酶标仪，纯水或去离子水。

表 1-8　检测试剂盒主要成分与含量

编号	试剂盒组分	数量	用法
BRUI-Ⅰ	BRUI 抗原包被板	96 孔板×1 块	直接使用
BRUI-Ⅱ	样品稀释液	30 mL×1 瓶	直接使用
BRUI-Ⅲ	BRUI 阴性血清	500 μL×1 管	直接使用
BRUI-Ⅳ	BRUI 阳性血清	500 μL×1 管	直接使用
WB-Ⅴ	洗涤液 20×	30 mL×1 瓶	20 倍稀释后使用
BRUI-Ⅵ	酶标抗体 100×	200 μL×1 管	100 倍稀释后使用
CA-Ⅶ	底物溶液 A	6 mL×1 瓶	直接使用
CB-Ⅷ	底物溶液 B	6 mL×1 瓶	直接使用
SS-Ⅸ	终止液	6 mL×1 瓶	直接使用

实验准备试剂盒各个组分在使用前均须恢复至室温（20～25℃），加液前充分摇匀。BRUI 抗原包被板（Ⅰ）上 BRUI 阴性血清（Ⅲ）、BRUI 阳性血清（Ⅳ）和样品的分布如图 1-2 所示（N 表示加入的阴性血清，P 表示加入的阳性血清，S1、S2、S3、S4、S5、S6 和其余孔表示加入的待检血清）。

	1	2	3	4	5	6	7	8	9	10	11	12
A	N	S5										
B	N	S6										
C	P											
D	P											
E	S1											
F	S2											
G	S3											
H	S4											

图 1-2　酶标板上对照和样品添加模式图

注：为保证不同样品的孵育时间一致，可先将不低于 10μL 的待检样品，以及分别不低于 100μL 的 BRUI 阴性血清（Ⅲ）、BRUI 阳性血清（Ⅳ）分别加入 96 孔板（单独准备）中并做好记录，然后用多道移液器移至 BRUI 抗原包被板（Ⅰ）相应孔中，也可在 BRUI 抗原包被板（Ⅰ）相应孔中直接加样。

（3）操作步骤

①每孔加入 100μL 样品稀释液（Ⅱ），A1、B1、C1、D1 孔不加样品稀释液（Ⅱ）。

②在 A1 和 B1 孔加入 BRUI 阴性血清（Ⅲ）各 100μL，在 C1 和 D1 孔加入 BRUI 阳性血清（Ⅳ）各 100μL，剩余孔加入 10μL 样品用于检测。

③轻轻晃动孔中样品（勿溢出），37℃孵育 30 min。

④将洗涤液 20×（Ⅴ）用纯水或去离子水作 20 倍稀释，即为工作浓度的洗涤液。

⑤甩干 BRUI 抗原包被板孔中的液体，每孔用 300μL 工作浓度的洗涤液洗涤 5 次，在洗涤和加入下一个试剂前避免孔壁变干。

⑥将酶标抗体 100×（Ⅵ）用样品稀释液（Ⅱ）作 100 倍稀释，即为工作浓度的酶标抗体；每孔加入 100μL 工作浓度的酶标抗体，37℃孵育 30 min。

⑦甩干 BRUI 抗原包被板孔中的液体，每孔用 300μL 工作浓度的洗涤液洗涤 5 次，在洗涤和加入下一个试剂前避免孔壁变干。

⑧每孔先加入 50μL 底物溶液 A（Ⅶ），再加入 50μL 底物溶液 B（Ⅷ）。

⑨37℃避光孵育 10～15 min。

⑩每孔加入 50μL 的终止液（Ⅸ）终止显色反应。

⑪使用酶标仪测定 450nm 波长处的 OD 值。

（4）结果判定

①BRUI 阴性血清（Ⅲ）的平均 OD 值即 OD_{NC}，BRUI 阳性血清（Ⅳ）的平均 OD 值即 OD_{PC}，样品的 OD 值称为 OD_S。

②阈值计算（cut off 值）

$$\text{cut off 值} = OD_{NC} \times 2.1$$

若 $OD_{NC} \geqslant 0.05$ 则按实际值计算，若 $OD_{NC} < 0.05$ 则按 0.05 计算。

③当 OD_{NC} 值 $\leqslant 0.2$ 且 $\geqslant 0.6$ 时试验结果有效，否则重新进行试验。

④当 $OD_S <$ cut off 值时结果判为阴性，当 $OD_S \geqslant$ cut off 值时结果判为阳性。

2. 竞争酶联免疫吸附试验

（1）试验原理　将特异性抗体吸附于固相载体上，随后加入待测抗原和一定量的生物素标记的抗原，使二者竞争性地与固相抗体结合，温育后经洗涤去掉未结合物，然后加入 HRP 标记的亲和素，经过温育和彻底洗涤后加入底物 TMB 显色。TMB 在过氧化物酶的催化下转化成蓝色，并在酸的作用下最终转化成黄色。待测标本浓度越高，标记抗原和抗体的结合就越受到抑制，显色愈浅。显色的深浅与酶量呈正相关，而与样品中待测物质含量呈负相关。用酶标仪在 450nm 波长下测定吸光度（OD 值），计算样品浓度。

（2）试验器材和试剂　主要有：青岛立见生物科技有限公司布鲁氏菌间接 ELISA 抗体检测试剂盒、96 孔板、100μL、200μL 的单道或多道微量移液器，吸头，酶标仪，纯水或去离子水。

表 1-9　检测试剂盒主要成分与含量

编号	试剂盒组分	数量	用法
BRUC-Ⅰ	BRUC 抗原包被板	96 孔板×1 块	直接使用
BRUC-Ⅱ	竞争抗体	10mL×1 瓶	直接使用

（续）

编号	试剂盒组分	数量	用法
BRUC-Ⅲ	BRUC 阴性血清	100μL×1 管	直接使用
BRUC-Ⅳ	BRUC 阳性血清	100μL×1 管	直接使用
WB-Ⅴ	洗涤液 20×	30mL×1 瓶	20 倍稀释后使用
BRUC-Ⅵ	酶标抗体	15mL×1 瓶	直接使用
CA-Ⅶ	底物溶液 A	6mL×1 瓶	直接使用
CB-Ⅷ	底物溶液 B	6mL×1 瓶	直接使用
SS-Ⅸ	终止液	6mL×1 瓶	直接使用

试验准备试剂盒各个组分在使用前均须恢复至室温（20～25℃），加液前充分摇匀。BRUC 抗原包被板（Ⅰ）上 BRUC 阴性血清（Ⅲ）、BRUC 阳性血清（Ⅳ）和样品的分布如图 1-3 所示（N 表示加阴性血清，P 表示加阳性血清，S1、S2、S3、S4、S5、S6 和其余孔表示加待检血清）。

	1	2	3	4	5	6	7	8	9	10	11	12
A	N	S5										
B	N	S6										
C	P											
D	P											
E	S1											
F	S2											
G	S3											
H	S4											

图 1-3 酶标板上对照和样品添加模式图

注：为保证不同样品的孵育时间一致，可先将分别不低于 10μL 的待检样品、BRUC 阴性血清（Ⅲ）、BRUC 阳性血清（Ⅳ）分别加入 96 孔板（单独准备）中并做好记录，然后用多道移液器移至 BRUC 抗原包被板（Ⅰ）相应孔中，也可在 BRUC 抗原包被板（Ⅰ）相应孔中直接加样。

（3）操作步骤

①将洗涤液 20×（Ⅴ）用纯水或去离子水作 20 倍稀释，即为工作浓度的洗涤液。

②每孔加入 40μL 洗涤液 1×。

③在 A1 和 B1 孔加入 BRUC 阴性血清（Ⅲ）各 10μL，在 C1 和 D1 孔加入 BRUC 阳性血清（Ⅳ）各 10μL，剩余孔加入 10μL 样品用于检测。

④每孔加入 50μL 的竞争抗体（Ⅱ），反应体系即 100μL/孔。

⑤轻轻晃动孔中样品（勿溢出），37℃孵育 60min。

⑥甩干 BRUC 抗原包被板孔中的液体，每孔用 300μL 工作浓度的洗涤液洗涤 3 次，在洗涤和加入下一个试剂前避免孔壁变干。

⑦每孔加入 100μL 的酶标抗体（Ⅵ），37℃孵育 30 min。

⑧甩干 BRUC 抗原包被板孔中的液体，每孔用 300μL 工作浓度的洗涤液洗涤 3 次，在洗涤和加入下一个试剂前避免孔壁变干。

⑨每孔先加入 50μL 底物溶液 A（Ⅶ），再加入 50μL 底物溶液 B（Ⅷ）。

⑩37℃避光孵育 10～15 min。

⑪每孔加入 50μL 的终止液（Ⅸ）终止显色反应。

⑫使用酶标仪测定 450nm 波长处的 OD 值。

（4）结果判定

①BRUC 阴性血清（Ⅲ）的平均 OD 值即 OD_{NC}，BRUC 阳性血清（Ⅳ）的平均 OD 值即 OD_{PC}，样品的 OD 值即 OD_{S}。

②阈值计算

$$阳性血清抑制率=(OD_{NC}-OD_{PC})/OD_{NC}\times 100\%$$

$$样品抑制率=(OD_{NC}-OD_{S})/OD_{NC}\times 100\%$$

③当 OD_{NC} 值应>0.5 且阳性血清抑制率应>60%时试验结果有效，否则重新进行试验。

④当样品抑制率≥50%时判为阳性，当样品抑制率<50%时判为阴性。

第六节　综合防控

鉴于布病的严重危害性，几乎所有的奶牛生产国都开展了布病根除计划。目前世界动物卫生组织（OIE）只承认少数几个国家和地区为无布病国家（如加拿大、日本、澳大利亚、新西兰等）。加拿大、澳大利亚等国家的布病根除计划进行了 30～50 年才得以完成。美国已经对布病根除计划执行多年，直到目前，仍有一些州报告布病时有发生。对此，我们对根除布病的难度应有一个清醒的认识。

一、控制方法

许多国家的成功防控经验表明，控制动物布病能够降低人间布病的发病率。为实现这些目标可采用共同的控制和消除方法，具体而言可分为以下四个阶段。

（一）第一阶段

制定疫病控制策略并清晰描述短期、中期和长期目标，包括有目的地收集信息，提供可靠的畜间和人间布病发病率、患病率和空间分布估计，以及确定畜间和人间感染的风险因素。之后以这些信息为基础，设计控制项目，以动物和公共卫生的成本收益经济分析为支撑，为中央和省级决策者提供支持并得到采用。

信息收集项目的总体目标是形成可用于考虑后续项目设计和执行的信息，向决策者解释为项目提供支持的必要性。对动物布病患病率的评估可利用统计学手段在目标畜群中抽样，然后进行诊断检测。随机策略应分为多个阶段，设计目的是在目标地区多种不同生态地区中，对整个畜牧业系统各个家庭和村庄的各种家畜进行估计。抽样的目标动物群体应为育龄母畜。由于感染幼畜通常为抗体阴性，而公畜的疾病流行病学与母畜不同，因此要注意排除性发育未成熟的幼畜和公畜。另外，收集的信息还包括采样动物的物种、年龄、抽样家庭牛群或羊群规模。

过去，兽医主管部门通常担负布病控制项目的主要责任，但目前“同一个世界，同一个健康”的理念已得到广泛认可和实行。动物传染病血清学调查为囊括存在布病暴露证据的家庭成员的诊断检测、记录知信行数据（knowledge-attitude-practice，KAP）和个人疾病暴露信息提供了契机。另外，还能够以较少的经济成本获得畜间和人间其他重要疾病的相关信息，考虑将布病控制项目与其他疾病的控制策略相融合。

此阶段需要的资源包括具有专业技术能力的兽医，以及能够开展调查、样本检测、数据分析和生产高质量报告的公共卫生机构。理想情况下，为决策者提供的数据报告应当可接受毒力审查。最终研究报告应提供可靠的畜间和人间疾病感染患病率，发现高危动物/人群及危害畜牧行为和管理行为，发现畜主在疾病知识方面的差距。理想状况下，有农业农村部和国家卫生健康委员会共同组织并参与培训，设计整体采样计划、数据记录表和 KAP 调查问卷，在农村开展家庭随机抽样、数据记录、问卷调查，以及血清处理、运输、贮存、检测、结果记录。第一阶段相关调查的设计和深入程度受过往调查和行为信息的影响，包括屠宰场监测、动物和人类疾病常规报告、预算、后勤、可用资源。但决策还在很大程度上取决于政治意愿和社区支持。

1. 监测 无论国家的收入水平如何，数据记录在地方、省级和中央层面的储存及其解读对所有国家而言都是重大挑战。现场数据记录通常非常广泛，但是这些数据作为流行病学资源的价值却往往为人所忽略，行政要求通常最容易受到重视。常规农场免疫接种检查可以为收集可靠的动物普查信息和记录接种幼畜及成年畜的比例提供契机。农场检查期间及动物交易市场和屠宰场均可用于检测覆盖率。

2. 动物布病检测　OIE 列举的牛、绵羊、山羊血清学化验均为布鲁氏菌抗体缓冲试验（虎红平板凝集试验 RBT 和缓冲凝集试验）、补体结合试验（CFT）、荧光偏振试验（FPA）、间接酶联免疫吸附试验（iELISA）、竞争酶联免疫吸附试验（cELISA），以及全乳环状沉淀试验、布鲁氏菌皮肤过敏试验、原生半抗原和以胞浆蛋白为基础的试验。牛种和羊种布鲁氏菌感染只能通过培养和聚合酶链式反应（PCR）鉴别。

虎红平板凝集试验（RBT）因成本低廉且无需复杂的设备而成为布病血清学调查和筛选的首选方法。对于初次检测的阳性结果样品，一般会进行二次试验确认并进行系列解读，从而降低 RBT 的假阳性率，提高阳性率的预测准确性。间接 ELISA、竞争 ELISA 及 CFT 通常用于确认试验。其中，CFT 的技术难度和复杂性更高，在现场条件比较差的情况下使用时，结果的可靠性会明显下降，因此 ELISA 更为常用。为了保障检测结果的准确性、可靠性，应具有完善的设备、良好素质的检测人员及质量可靠的检测试剂。但是在某些市（县）中，要完全达到这些条件还比较困难。

全乳环状试验（milk ring test，MRT）和间接全乳 ELISA 同时具有灵敏性和特异性，对于奶牛群的检测尤其有用。在澳大利亚和新西兰，MRT 被广泛用于消除牛布病。在整个消除阶段，每年至少在奶牛群中开展 3 次检测，并在消灭布病后 5 年内坚持检测。

（二）第二阶段

开展公共意识宣传活动，降低人间布病感染的风险，实施接种项目并确定更替幼年牛和成年牛，整合公共卫生与兽医资源。

定期向不同人群，特别是相关职业人群普及布病防治的相关知识。在疾病预防控制工作中，科学宣传不仅是一种重要的手段，而且是一种有效的手段。可以通过免费咨询、现场指导、上门服务等多种方式相结合的形式，有针对性、有目的性地对养殖户开展科学饲养方式的相关培训，提高其自我防护意识，增强其健康理念及改变卫生习惯，真正从源头上有效控制布病的发生与传播。

免疫接种是目前普遍认为能够降低布病发生和流行的最重要及最有效的方法之一。合理注射疫苗，可以有效降低布病的发病率。按国家规定，乳用、种用牲畜全部禁止免疫接种；普通羊、牛先普检，对阳性牲畜进行扑杀，对阴性牲畜全部进行免疫接种。预防布病用多种疫苗，目前我国主要有以下三类：牛 RB51、牛 S19 和羊 Rev. 1。不同疫苗各有其优缺点。牛 RB51 疫苗是一种活的弱毒株，具有利福平抗性的 RB51 由于其稳定、安全性较强等优点已被诸多国家作为预防布病的官方疫苗，但是全剂量注射该疫苗会导致胎盘发生严重感染。S19 疫苗株是世界上第一个被广泛使用的弱毒疫苗株，虽然对牛具有一定的保护作用，但是该型疫苗不仅能够传播到人体内部，而且容易导致妊娠母牛流产。具有链霉素抗性的 Rev. 1 疫苗是一种毒力减弱株，尽管其对羊、牛等动物有免疫保护的功效，但其毒性较强，并存在毒力恢复的可能性，应慎用。近年来出现了以基因工程为原理制备的新型疫苗，简称“基因工程疫苗”，是一种使用 DNA 重组技术把外源性的遗传物质定向插入细菌或者哺乳动物细胞中表达、纯化后所制得的疫苗。目前，应用分子生物学及重组 DNA 技术制出了不含感染性物质的亚单位疫苗、稳定的减毒疫苗、转基因植物可食疫苗及能预防多种疾病的多价疫苗。但是由于基因工程疫苗对设备的要求过高，需要使用特殊的试剂，且操作困难、成本高，故目前对其的研究进展较缓慢。由于在不同地区，甚至不同季节，不同疫苗的效果不一样，因此各地方部门应根据本地区流行病学特点和客观的环境变化，采用适合本地区的疫苗进行免疫接种，以控制布病的传播。

（三）第三阶段

当布病的发病率降低到一定程度，从法律、经济和技术上将其消除均具有可行性时，可以开始进入第三阶段，主要通过检测并屠宰感染动物实现疫病消除。

如果免疫接种项目得到良好实施，免疫接种覆盖率高；同时，在实施项目初期感染的动物大多数已经被扑杀、屠宰或死亡，则 8～10 年后疫病的发病率有可能降至非常低的水平。虽然整体免疫水平较高，但是在某些局部暴露严重地区，由于管理问题或隐性感染，因此局部疫情防控仍然会很艰巨。我国目前的情况是生态环境差异巨大，各地区的畜牧业发展水平不平衡，布病感染水平也存在明显差异。有些地方已经摆脱布病，其主要考虑的是如何维持无感染状态。

通过常规的大批牛奶检测能够确定和检测奶牛布病的感染状态，大型奶牛场，应将布病的预防措施作为整体生物安全项目的一个重要组成成分，在第二阶段提出的所有要求在第三阶段均需继续加强；同时，对于控制项目涉及的各级兽医和公共卫生行政单位，还应在报告、参与和能力提高方面实施更为严格的法律措施。

（四）第四阶段

宣布无疫病状态，继续实施常规监测，并开展区域控制，以防止布病再次传入。在我国过渡到全国无布病阶段时，面临的最大技术挑战就是控制动物流动、个体发现和记录系统。这个阶段可以作为一项长期战略，但是在目前尚不具有可行性。

二、具体措施

制定并实施牧区家畜布病根除规划应注意以下几个方面：

第一，开展全牧区布病流行情况调查，调查对象包括各种布病易感动物（牛、牦牛、绵羊、山羊、骆驼、鹿、马、猪、犬及易感的各种野生动物），分类记录，为制定规划提供基础数据。如果没有接种布病疫苗，可以用现行的血清凝集试验普查；如果已经接种布病疫苗，用现行的血清凝集试验不能将自然感染动物与疫苗免疫动物区分开时，主要根据临床症状、病原分离鉴定、免疫荧光试验、PCR 等方法诊断。病原诊断必须在生物安全实验室进行，以防止布鲁氏菌扩散。

第二，目前国内研制成功的家畜布病疫苗有猪种 S2 和羊种 M5 两种弱毒苗，国外研制成功并商品化的疫苗主要有牛种 S19 弱毒苗、牛种 RB51 弱毒苗和羊种 Rev. 1 弱毒苗，以及牛种 45/20 油佐剂灭活苗和羊种 H38 油佐剂灭活苗。这些疫苗各有优缺点，应通过比较试验，结合本地区畜种、布病流行特征，有针对性地选择接种。

第三，要针对每种畜种制订切实可行的布病免疫计划。北方牧区是我国布病的重灾区，因此全部接种疫苗尤为重要。接种疫苗后，既要注意检查疫苗接种的效果，也要注意检查接种疫苗的安全性（包括接种后免疫动物的多种副反应、是否有疫苗毒排出到体外及动物疫苗对人的安全性），更要注意长期使用弱毒疫苗是否出现疫苗株毒力返祖现象。要定期对免疫畜群进行抗体水平监测。如果抗体滴度低于或接近最低保护水平，应该及时接种疫苗；如果接种后 1～2 周抗体整体水平不高，要尽快查找原因。如果是疫苗质量问题，则要反馈给疫苗提供方，更换其他批次的疫苗进行接种补救；如果是抽样个别家畜抗体滴度不高，则在排除已使用布鲁氏菌敏感药物的前提下，可能是畜群中存在布鲁氏菌持续感染动物，应扩大抽样密度，以查出隐性带毒动物，并及时剔除淘汰，防止疫情扩散。尤其在实行舍饲时，保护草地生态的地区更要重视疫苗抗体水平的监测工作。

第四，在重点地区要建立坚强的布病疫苗免疫带。所谓重点地区是指容易发生疫情、易造成疫情扩散或直接威胁人们身体健康的地区。在这些地区，切实做好疫苗免疫工作对有效控制布病有实际作用。①建立农牧交错区免疫带。这类地区一般是布病发生流行的敏感地带，是布病由牧区向农区扩散的前沿，动物交易比较频繁，强化畜群疫苗接种工作可以有效预防布病的暴发、流行和传播。建立交通沿线免疫带，随着动物产品物流的加快，疫病对沿线畜群的威胁必然提升，所以强化疫苗接种和监测工作就显得格外重要。②建立人口居住稠密区疫苗接种带。布病是一种人兽共患的传染病，人畜间可以互相传染。做好动物疫苗接种，既保护了动物，也有益于人类。在人口稠密区最好给家畜接种布鲁氏菌灭活疫苗，以尽可能地减少疫苗毒对人群的感染。当然，在动物布病流行严重的地区或疫点，卫生防疫部门应加强对人群的疫苗接种工作。③建立国界线免疫带。亚洲属布病重灾区，与我国接壤的国家大多数存在该病。加强边境线家畜群体免疫和进出境检疫工作，对于防止相邻国家的布病传入我国、巩固防疫成果很有必要。

第五，要针对每种畜种制定切实可行的布病综合防控办法。根除布病必须重视疫苗免疫工作，但是仅靠疫苗接种并不能最终消灭家畜布病，要通过采用疫苗接种、疫情监测、免疫监测、检疫、隔离、封锁、消毒、捕杀阳性家畜并进行无害化处理、无害化处理阳性家畜粪便等综合性措施，经过几代人的不懈努力工作才有希望实现。牧区饲养的动物种类复杂，存栏数巨大，针对畜间布病流行特征，制定综合防控措施可以收到较好的防控效果。

1. 牛布病的防控　2011 年我国牛存栏总数达 10 360.5 万头，其中肉牛 6 646.4万头、奶牛 1 440.2 万头、役用牛 2 273.9 万头。对布病发病率不高的牛群，每年春、秋季进行两次血清学检查，发现和捕杀阳性牛。通过相关试验（如环凝集试验）检查混装乳样，以监测是否存在阳性牛。当通过个体检测发现阳性牛时，应采取捕杀的措施以净化牛群。检疫的前提是整个牛群没有接种过布病疫苗。

对干净牛群，关键是做好的密闭式管理；强化场区出入口和环境消毒工作，做好粪便的无害化处理工作，做好灭蝇、灭鼠和驱赶野鸟工作；严格检疫引进的牛只，引进的牛冻精必须有布病检疫合格证。如果所在地区布病暴发、流行，最好及时接种疫苗。

在布病流行比较严重的地区和牛群，要定期接种疫苗，各地做法归纳如下：

（1）给犊牛接种牛种 19 号弱毒疫苗；成年牛不接种，只进行布病检疫。将阳性牛集中隔离饲养（称为阳性牛群），对留下的阴性牛（称为假定健康牛群）每年定期检疫，不断剔出阳性牛。假定健康牛生产的后代经 2 次检疫为阴性，则接种 19 号疫苗后送新建的牛舍饲养，以形成健康牛群。本方法周期长，因为没有捕杀阳性牛群，所以存在传染源，风险大。

（2）与方法（1）的分群做法相同，但所有检出的阳性牛一律隔离、捕杀，原牛场彻底消毒。剩余检疫为布病阴性的牛作为假定健康牛，其所产的后代处理同方法（1）。本方法投资大，但控制疫情的效果好。

（3）给存在布病的牛群全部口服（拌料服用）猪种布鲁氏菌 2 号弱毒疫苗，通过检查正常分娩母牛和流产母牛的阴道分泌物、奶样，不断检出布病阳性牛，并将其隔离、捕杀。本方法一般使用 2 年后因布病造成的妊娠母牛流产数量会明显减少。但这并不能说已经控制了该病，在疫苗免疫压力下，一些阳性牛体内病原菌的繁殖可能被控制（但不能被杀灭），阳性牛可以正常妊娠，并正常分娩，自身成为隐性带毒牛。这些牛一般仍会不断向外排毒，有的虽能正常分娩，但其后代会因垂直感染而带毒。另外，免疫后要定期进行全群免疫抗体监测。如果免疫后 2～3 个月，抗体滴度明显低于同群其他牛，在排除疫苗质量问题后，说明该个体已感染布鲁氏菌，体内存在感染抗体，该抗体抑制了疫苗毒株的繁殖，使免疫接种失败，对于检出后的牛要隔离、捕杀。

（4）国外一些国家给牛群普遍接种粗造型布鲁氏菌 45/20 号菌株灭活疫苗。牛接种该疫苗后，其血清中不产生抗光滑型布鲁氏菌抗体，故用常规的光滑型布鲁氏菌抗原检查时不会发生凝集反应，有利于疫情监测。本疫苗的使用方法有两种：一是在犊牛期接种 S19 号苗，进入配种期再接种 45/20 号菌株灭活疫苗，以后每年接种一次灭活疫苗以增强免疫力。二是对布病已经基本控制的牛群，只接种 45/20 号菌株灭活疫苗，具体做法是：第 1 年接种 2 次，以后每年只接种 1 次。

2. 羊布病的防控　羊布病的病原是羊种布鲁氏菌，其他是人布病的主要传染来源。因此，发现羊群中有布病发生时必须尽快上报，并立即采取有效措施。同时，周边地区羊群全部紧急接种 M5 号羊苗或 S2 猪苗，必要时当地政府发布疫点及受威胁地区封锁令，以防布病传播。

3. 犬布病的防控　在牧区，犬一般作牧羊犬用，虽然犬布病的病原是犬种布鲁氏菌，但也感染人。羊种布鲁氏菌或牛种布鲁氏菌是否也感染犬，犬种布鲁氏菌是否也感染牛、羊，致病性如何，是不表现症状还是只起“储藏”作用，流行病学意义如何等，这些都不十分清楚。为了安全，应定期对牧区犬布病进行普查检疫，对检出的阳性犬要隔离、捕杀，并作无害化处理。一旦发现羊布病，应捕杀全群羊及与之有接触的犬。平时，不要给犬喂来源不明的动物内脏（俗称“下水”）或最好将其煮熟后再喂，以防犬感染布病。

第六，布病防控兽医部门与卫生防疫部门要密切合作。布病的发病率表现明显的职业趋势，即牧民、饲养员、兽医、毛皮收购人员、屠宰工、人工授精人员一般易发病。对布病患者应当同结核患者一样，施行免费诊断、免费治疗。布病患者不宜继续从事饲养员、兽医、人工授精人员工作，以防其将病原由人再传给动物。卫生防疫部门应加强人预防布病的常识宣传力度，以尽可能地减少动物布病对人的传染。

参考文献

蔡一非，赵智香，钟旗，等，2008. 不同的血清学方法对布病疫苗免疫绵羊抗体检测结果的比较研究［J］. 中国动物检疫，25（12）：31-33.
蔡一非，钟旗，伊日盖，等，2009. 两奶牛场布氏杆菌分离鉴定及四种血清学检测方法比较［J］. 中国人兽共患病杂志，25（5）：456-459.
陈思，2014. 牛羊猪犬种布鲁氏菌多重 PCR 方法的建立及试剂盒研制［D］. 长春：中国人民解放军军事医学科学院.
程淑晶，杨卓，李昀隆，等，2013. 布病移动传播风险评估方法的建立［J］. 现代畜牧兽医（12）61-64.
崔步云，2012. 关注中国布鲁杆菌病疫情发展和疫苗研究［J］. 中国地方病学杂志，31（4）：355-356.
狄栋栋，范伟兴，崔步云，等，2011. 我国部分地区犬布氏杆菌感染流行病学调查［J］. 畜牧与兽医，43（5）：83-85.
丁家波，冯忠武，2013. 动物布鲁氏菌病疫苗应用现状及研究进展［J］. 生命科学，25（1）：91-99.
丁家波，毛开荣，2009. 布鲁菌种属鉴定多重 PCR 方法的建立及初步应用［J］. 中国兽医学报（29）594-597.
范伟兴，狄栋栋，黄保续，2013. 发达国家根除家畜布病的主要措施［J］. 中国动物检疫，30（4）：68-70.
范伟兴，狄栋栋，田莉莉，2013. 当前家畜布鲁氏菌病防控策略与措施的思考［J］. 中国动物检疫，30（3）：64-66.
范伟兴，钟祺，何倩倪，等，2006. 几种布鲁茵病血清学诊断方法的比较研究［J］. 中国动物检疫（6）：34-36.
冯开军，孙桐，林增良，等，1995. 微量补体结合试验与试管凝集试验在诊断布鲁氏菌病上的应用比较［J］. 中国卫生检验杂志，5（5）：300-301.
冯宇，2017. 牛布鲁氏菌病诊断技术研究［D］. 泰安：山东农业大学.
高红梅，张生卫，2014. 牛、羊布病的流行、致病机理及防治措施［J］. 中国畜禽种业，10（4）：106-107.
高晓磊，2015. 羊布鲁氏菌感染绵羊的抗体、抗原及组织病变动态的研究［D］. 北京：中国农业大学.
高彦辉，赵丽军，孙殿军，2014. 布鲁氏菌病防治基础研究现状与展望［J］. 中国科学：生命科学，44（6）：628-635.
高越，申之义，2013. 羊布鲁氏茵病疫苗免疫后抗体消长规律研究及 4 种抗体检测方法的比较［D］. 呼和浩特：内蒙古农业大学.
谷文喜，吴冬玲，范伟兴，等，2009. 布鲁氏菌病 VirB8-PCR 诊断试剂盒的特异性评价［J］. 中国动物检疫，26（7）：48-49.
谷玉静，尹丽华，郝满良，2014. 布鲁菌病的诊断与防控研究进展［J］. 动物医学进展，

35 (2): 110-114.
贾剑峰，张琴，2009. 双抗夹心 ELISA 方法检测人布鲁氏菌抗原的研究及初步应用 [J]. 当代医学，15 (24): 87-89.
黎银军，2014. 我国布鲁氏菌病时空分布及风险预测研究 [D]. 长春：中国人民解放军军事医学科学院.
李光辉，2006. 布鲁氏菌荧光定量 PCR 快速检测方法的建立及检测试剂盒的组装 [D]. 长春：吉林大学.
李宏伟，刘欣，王晓霞，2012. 浅谈布氏杆菌病的流行原因与防治 [J]. 吉林畜牧兽医，33 (8): 54-55.
李晓丽，陈国亮，2018. 布鲁氏菌病三种检测方法的比较 [J]. 黑龙江畜牧兽医 (4): 134-135.
李彦伟，2011. OIE 标准布鲁氏菌 ELISA 和 PCR 监测方法在奶牛奶样品中的应用研究 [D]. 哈尔滨：东北农业大学.
蔺国珍，2012. 布鲁氏菌病 LAMP 检测方法的建立及双基因共表达分子疫苗研究 [D]. 北京：中国农业科学院.
刘宁，2016. 布鲁氏菌 S2 疫苗免疫绵羊血清抗体消长规律研究 [D]. 呼和浩特：内蒙古农业大学.
鲁志平，杨晓玲，申晓莉，等，2015. S2 株、M5 株布氏杆菌减毒活疫苗对山羊免疫效果比较试验 [J]. 河南畜牧兽医（综合版），36 (12): 7-10.
毛景东，王景龙，杨艳玲，2011. 布鲁氏菌病的研究进展 [J]. 中国畜牧医，38 (1): 222-227.
毛开荣，2003. 动物布鲁氏菌病防治研究进展 [J]. 中国兽药杂志，37 (9): 37-40.
毛开荣，殷善述，1991. 畜用布鲁氏菌病菌苗无凝集原性菌株 M111 的研究 [M]. 北京：中国科学技术出版社.
邱昌庆，2008. 保护反刍动物安全，防疫研发须跟上——布鲁氏菌病阳性奶牛群的净化措施（续谈）[J]. 中国动物保健 (3): 111-114.
邱昌庆，曹小安，杨春华，等，2006. 乳牛布鲁氏菌病病原 DNA 快速检测技术的研究 [J]. 中国医科技，35 (2): 85-89.
任洪林，卢士英，周玉，2009. 布鲁氏菌病的研究与防控进展 [J]. 中国畜牧兽医，36 (9): 139-143.
史新涛，古少鹏，郑明学，等，2010. 布鲁氏菌病的流行及防控研究概况 [J]. 中国畜牧兽医，37 (3): 204-207.
苏良，欧新华，张如胜，等，2014. 虎红平板凝集试验检测人血浆布氏菌抗体干扰来源分析及处理对策 [J]. 现代预防医学，41 (24): 4486-4488.
孙涛，赵宝，冉红志，2014. 布鲁氏菌病病原学研究进展 [J]. 家畜生态报，35 (1): 85-87.
童光志，于力，于康震，等，2008. 动物传染病学 [M]. 北京：中国农业出版社.
吐尔洪·努尔，谷文喜，何倩倪，2007. 布鲁菌病研究进展 [J]. 动物医学展，28 (7):

82-87.

王国栋，刘书梅，2013. 国内外牛布鲁氏菌病防治研究进展［J］. 安徽农学通报，19（16）：134-135.

王海霞，陈军光，2008. 检测奶牛布鲁氏病试验方法的比较［J］. 中国兽医杂志，44（2）：33.

王晶钰，张三东，刘红彦，2010. 布鲁菌病多重 PCR 快速检测方法的建立及应用［J］. 动物医学进展，31（S1）：5-9.

王君伟，杨志强，王志亮，2010. 我国奶牛布病与结核病的发病情况与防控措施建议［J]. 中国畜牧杂志，46（16）：47-51.

王莉，张恒春，贾末，2011. 奶牛规模养殖的发展和政策建议［J］. 中国奶牛（15）：6-10.

王勇，2013. 布鲁氏菌 BP26、OMP16、CP39、SP41 和 eryC 基因的原核表达以及检测血清抗体的间接 ELISA 方法的建立［D］. 扬州：扬州大学.

王媛媛，孙淑芳，庞素芬，等，2016 美国牛结核病与布鲁氏菌病区域化防治模式分析［J]. 中国动物检疫，33（4）：68-70.

王真，吴清民，2014. 动物布鲁氏菌病疫苗的来历及亚单位疫苗的研究概况［J］. 中国农业大学学报，19（3）：169-174.

王志明，赵妮，王芳，等，2014. 抗布鲁氏菌单克隆抗体的研制及 cELISA 方法的建立［J]. 中国兽医科学，44（9）：909-914.

王志贤，2017. 过表达 oTLR4 转基因绵羊抗布鲁氏菌病能力的评估及其机制研究［D］. 北京：中国农业大学.

魏巍，马世春，2013. 我国布鲁氏菌病流行情况及防控建议［J］. 中国畜牧业（12）：38-41.

温富勇，于桂芳，胡琦，等，2012. 澳大利亚根除布鲁氏菌病的成功经验及对我国的启示［J］. 当代畜牧（9）：24-25.

吴清民，2010. 布鲁氏苗病流行及防控技术研究对策［J］. 兽医导刊，151（3）：21-23.

吴清民，2011. 动物布鲁氏菌病新型防控技术及研究进展［J］. 兽医导刊（9）46-47.

吴彤，王慧煜，2016. 动物布鲁氏菌病快速诊断方法研究进展［J］. 中国人兽共患病学报，32（8）：746-750.

武玉香，路晟，柳家鹏，2011. 牛布鲁氏杆菌病的间接酶联免疫快速检测［J］. 中国奶牛（5）：43-45.

谢芝勋，谢志勤，刘加波，等，2007. 多重 PCR 快速检测鉴别牛布鲁氏菌和牛分枝杆菌的研究与应用［J］. 中国人兽共患病学报，23（7）：714-717.

杨海荣，关平原，范伟兴，2007. AMOS PCR 在布鲁氏菌种型鉴定中应用的研究［J］. 中国动物检疫，24（10）：25-28.

尹杰，周明忠，阳爱国，等，2018. 四川省动物布鲁氏菌病防控工作的问题与对策［J］. 四川畜牧兽医（6）：10-13.

袁欣，2014. 反刍动物布鲁氏菌病致病机理和防控［J］. 中国畜牧业（9）：54-55.

张改文，史新涛，郝卫芳，2013. 布鲁氏菌病三种诊断方法的比较［J］. 中国动物检疫（10）：38-40.

张海霞，孙晓梅，2018. 布鲁氏菌病的研究进展［J］. 山东农业大学学报，49（3）：402-407.

张辉，陈创夫，乔军，等，2010. 基组蛋白 SP41 的布鲁氏菌间接 ELISA 检测方法的建立及初步应用［J］. 中国兽医学报，30（5）：624-628.

张利，2012. 环介导等温扩增技术（LAMP）与荧光定量检测布鲁菌方法的建立及对比试验［D］. 呼和浩特：内蒙古农业大学.

张宁，梁凤，2017. 国外动物布鲁氏菌病监测系统研究进展［J］. 医学动物防制，33（11）：1117-1121.

张士义，朱岱，江森林，2003. 中国布鲁氏菌病防治 50 年回顾［J］. 中国地方病防治杂志，18（5）：275-278.

赵建东，解松林，2018. 山羊不同途径免疫 S2 株布鲁氏菌病活疫苗后的抗体消长规律［J］. 黑龙江畜牧兽医（4）：136-137.

钟旗，范伟兴，吴冬玲，等，2008. 布鲁氏菌 VirB8-PCR 方法的建立［J］. 中国人兽共患病杂志，24（1）：50-54.

朱良全，王芳，蒋卉，2016. 动物布鲁菌病补体结合试验诊断方法比较研究［J］. 中国兽医学报，36（2）：357-361.

左玉柱，王增利，路广计，等，2014. 牛布鲁氏菌 BP26 间接 ELISA 检测方法的建立［J］. 中国预防兽医学报，36（3）：223-226.

Arenas-gamboa A M，Ficht T A，Kahl-mcdonagh M M，2009. The *Brucella abortus* S19 DeltavjbR live vaccine candidate is safer thanS19 and confers protection against wild-type challenge in BALB/c mice when delivered in a sustained-release vehicle［J］. Infection and Immunity，77（2）：877-884.

Betsy J，2002. PCR as a diagnostic tool for brucellosis［J］. Veterinary Microbiology，90（1）：435-446.

Blasco J M，Molina-Flores B，2011. Control and eradication of *Brucella melitensis* infection in sheep and goats［J］. Veterinary Clinics of North America：Food Animal Practice，2（71）：95-104.

Boschkoli M L，Foulongne V，O'Callaghan D，2001. Brucellosis：a worldwide zoonosis［J］. Current Opinion in Microbiology，4（1）：58-64.

Bourg G，O'callaghan D，Boschiroli M L，et al，2007. The genomic structure of Brucella strains isolated from marine mammals gives clues to evolutionary history within the genus［J］. Veterinary Microbiology，125（3/4）：375-380.

Bricker B J，Halling S M，1997. Differentiation of *Brucella abortus* bv. 1，2，and 4，*Brucella Melitensis*，*Brucella ovis*，and *Brucella suis* by. 1 by PCR［J］. Journal of Clinical Microbiology，28（4）：375.

Chaudhuri P，Prasad R，Kumar V，et al，2010. Recombinant OMP28 antigen-based indirect

ELISA for serodiagnosis of bovine brucellosis [J] . Molecular and Cellular Probes, 24 (3): 142-145.

De B K, Stauffer L, Koylass M S, et al, 2008. Novel *Brucella* strain (BO1) associated with a prosthetic breast implant infection [J] . Journall of Clinical Microbiology, 46 (1): 43-49.

De F P, Ficht T A, Rice-Ficht A, et al, 2015. Pathogenesis and immunobiology of brucellosis: review of *Brucella*-host interactions [J] . The American Journal of Pathology, 185 (6): 1505-1517.

Ducrotoy M J, Conde-Álvarez R, Blasco JM, et al, 2016. A review of the basis of the immunological diagnosis of ruminant brucellosis [J] . Veterinary Immunology and Immunopathology, 171: 81-102.

Eoh H, Jeon B Y, Kim Z, et al, 2010. Expression and validation of D-erythrulose 1-phosphate dehydrogenase from *Brucella abortus*: a diagnostic reagent for bovine brucellosis [J] . Journal of Veterinary Diagnostic Investigation, 22 (4): 524-530.

Galinska E M, Zagorski J, 2013. Brucellosis in humans-etiology, diagnostics, clinical forms [J] . Annals Agricultural and Environmental, 20 (2): 233-238.

Goodwin Z I, Pascual D W, 2016. Brucellosis vaccines for livestock [J] . Veterinary Immunology and Immunopathology, 181: 51-58.

Griffiths K L, Khader S A, 2014. Novel vaccine approaches for protection against intracellular pathogens [J] . Current Opinion in Immunology, 28: 58-63.

Islam M A, Khatun M M, Werre S R, 2013. A review of *Brucella seroprevalence* among humans and animals in Bangladesh with special emphasis on epidemiology, risk factors and control opportunities [J] . Veterinary Microbiology, 166 (3/4): 317-326.

Kim JY, Sung S R, Lee K, 2014. Immunoproteomics of *Brucella abortus* RB51 as candidate antigens in serological diagnosis of brucellosis [J] . Veterinary Immunology and Immunopathology, 160 (3/4): 218-224.

Meegan J, Field C, Sidor I, et al, 2010. Development, validation, and utilization of a competitive enzyme-linked immunosorbent assay for the detection of antibodies against Brucella species in marine mammals [J] . Journal of Veterinary Diagnostic Investigation, 22 (6): 856-862.

Nuotio L, Rusanen H, Sihvonen L, et al, 2003. Eradication of enzootic bovine leukosis from Finland [J] . Preventive Veterinary Medicine, 59: 43-49.

Pajuaba A C A M, Silva D A O, Mineo J R, 2010. Evaluation of indirect enzyme-linked

Romero C, Lopez G L, 1999. Improved method for purification of bacterial DNA from bovine milk for detection of *Brucella* spp. by PCR [J] . Applied and Environmental Microbiology, 65: 3735-3737.

Scholz H C, Hubalek Z, Nesvadbova J, et al, 2008. Isolation of *Brucella microti* from soil [J] . Emerging Infectious Diseases, 14 (8): 1316.

Scholz H C, Nockler K, Gollner C, et al, 2010. *Brucella inopinata* sp. nov, isolated from a breast implant infection [J] . International Journal of Systematic and Evolutionary Microbiology, 60 (4): 801-808.

Staszkiewicz J, Lewis C M, Colville J, et al, 1989. Outbreak of *Brucella melitensis* among microbiology laboratory workers in a community hospital [J] . American Journal of Infection Control, 7 (2): 2035-2036.

Thavaselvam D, Kumar A, Tiwari S, et al, 2010. Cloning and expression of the immunoreactive Brucella melitensis 28 kDa outer-membrane protein (Omp28) encoding gene and evaluation of the potential of Omp28 for clinical diagnosis of brucellosis [J]. Journal of Medical Microbiology, 59 (4): 421-428.

第二章　奶牛结核病

第一节　概　　述

结核病（tuberculosis，TB）是由结核分枝杆菌（*Mycobacteriurm tuberculosis*）引起的慢性肉芽肿性传染病，一直是严重的全球公共健康问题，特别是在发展中国家。结核病是一个十分古老的疾病，几千年来严重威胁人兽的生命和健康，而且至今仍然是危害人兽健康的重要慢性传染病之一。人感染后，以肺结核为主，主要表现为呼吸道症状，如咳嗽、咳痰等，随后伴有胸痛、胸闷、咳血等症状。当体内结核分枝杆菌数量较多时，患者会出现乏力、低热、面部潮红、厌食、消瘦、慢性支气管炎、肺气肿、肺心病及肺上有结核病灶等，治愈成本高，康复难度大，劳动能力丧失，如不及时治疗极易造成死亡。

牛结核病（Bovine tuberculosis，TB）是一种主要由结核分枝杆菌复合群（*Mycobacteriurm tuberculosis* complexes，MTBC）的成员——牛分枝杆菌（*Mycobacteriurm bovis*，*M. bovis*）感染引起的一种人兽共患慢性传染病，一年四季均可发生，呈世界性流行。该病是牛的主要传染病之一，奶牛最易感，水牛、黄牛、牦牛、鹿等多种动物也易感，病牛以消瘦、呼吸障碍、组织器官出现结节性肉芽肿和干酪样钙化的坏死病灶为特征。奶牛发病后不仅出现乳腺炎、结核性胸膜炎等，而且生产性能下降，寿命缩短，乳质下降，并通过牛奶等感染人，严重威胁人的健康安全。牛结核病被世界动物卫生组织（OIE）列为必须强制报告的疾病，我国将其列为二类动物疫病。近年来，牛结核病防控已成为我国动物疫病防控的重点工作。2012 年国务院办公厅印发的《国家动物疫病防治中长期规划（2012—2020）》中，将奶牛结核病列为 16 种国内优先防治的动物疫病之一，并制定了奶牛结核病综合防控措施。

一、结核病历史

结核病在我国很早就有记载，早在第四世纪末就有关人淋巴结核的记载。牛的结核病也早已被发现，并且知道其可以危及人类，曾造成不少人死亡，被称为“痨病”。

结核病在距今 1700 年的野牛遗骸中被发现，不过至今尚不清楚人结核病是否起源于牛。历史上，结核病曾在全世界范围内流行，是人的致命疾病，夺去了数亿人的生命。1815 年，英国因病死亡的人中的 1/4 归于结核病。

Villemin 在 1865 年用兔证明牛的珍珠病相当于人的结核病，并宣布结核病是有传染性的。Kocb（1882）发现，牛结核病的病原体是结核分枝杆菌，并于 1905 年获得了诺贝尔生理及医学奖。链霉素于 1945 年问世后，结核病便不再是不治之症。随后相继合成的异烟肼、利福平、乙胺丁醇等药物，也令全球肺结核患者的死亡数量大幅降低。特别是在 1952 年异烟肼问世后，肺结核的治疗费用大为降低，异烟肼具有杀菌能力强、副作用小、经济、便于服用的优点。1883 年，Zopf 将结核分枝杆菌命名为 *Bacterium tuberculosis*。1890 年，Koch 将结核菌素皮内变态反应试验用于结核病的检测。1921 年，巴斯德研究所 Albert Calmette 和 Camille Guerin 两位科研人员将牛结核分枝杆菌在体外连续培养 13 年传 230 代，获得了免疫效果良好的卡介苗（Bacillus Calmette Guerin，BCG），对预防结核病做出了巨大的贡献。

自从 1882 年 Koch 发现结核分枝杆菌以来，分枝杆菌新菌种的发现、命名、分类及其演变都有了很大的变化，已报道的分枝杆菌有 100 多种。

家畜结核病在我国流行的历史悠久，与人的结核病呈平行关系，特别是进入 20 世纪 40 年代，我国从国外大量输入奶牛后，畜间结核病的流行更加广泛。

二、结核病危害

（一）公共卫生危害

结核病是一种流行时间久远的传染病，在中国也叫“痨病”。中华人民共和国成立前，在民间流传有“十痨九死”的说法。结核分枝杆菌又称人型菌，是引起人结核病的主要病原菌；牛分枝杆菌又称牛型菌，是引起牛结核病的主要病原菌。因两者在基因水平上存在 99.95%的同源性，因此感染谱相互交叉，几乎可以感染所有的温血脊椎动物，给动物及人类公共卫生带来巨大的威胁。

2019 年，全球新发结核病患者约 996 万人，近几年基本维持在同一水平。全球结核病发病率为 130 例/10 万人，各国结核病负担差异较大，发病率有的国家低于 5 例/10 万人，有的国家高于 500 例/10 万人。

全球 30 个结核病高负担国家的新发患者数占到了全球患者总数的 86%，其中，印度（26%）、印度尼西亚（8.5%）、中国（8.4%）、菲律宾（6.0%）、巴基斯坦（5.7%）、尼日利亚（4.4%）、孟加拉国（3.6%）和南非（3.6%）共 8 个国家的新发患者约占全球患者总数的 2/3。中国估算的结核病新发患者数为 83.3 万人（2018 年为 86.6 万人），结核病发病率为 58 例/10 万人（2018

年61例/10万人），在30个结核病高负担国家中结核病发病率排第28位，高于俄罗斯（50例/10万人）和巴西（46例/10万人）。此外，2019年全球有大约14万例动物源性结核病患者发病。

在全球30个结核病高负担国家中，结核病死亡数最高的为印度（43.6万人）、最低的为莱索托（0.1万人），结核病死亡率最高的为中非共和国（98例/10万人）。中国的结核病死亡数估算为3.1万人，结核病死亡率为2.2例/10万人，结核病死亡率首次降至30个高负担国家的末位。

（二）对人类社会的影响

WHO指出，“存在牛结核病的国家，人类始终受它的威胁，除非消灭牛结核病，否则人类结核病的控制是不会成功的。”

牛分枝杆菌能够感染人和多种动物，尤其是奶牛最易感。当前一些劣质奶及其乳产品的出现，使得人类免疫抑制性疾病的发病率逐渐增高，加剧了牛结核病的潜在危险。牛结核病在世界各国均有发生，在我国依然是最常见的多发性疾病之一，其传染流行不仅会严重影响到畜牧业的持续健康发展，而且还威胁着我国公民的身体健康。

在发达国家，由牛分枝杆菌引发的结核病占所有人结核病比例的0.5%～7.2%。但在某些地区，如美国的圣地安哥，牛分枝杆菌导致45%的儿童结核病和6%的成年人结核病；在墨西哥、尼日利亚、坦桑尼亚、埃塞俄比亚、印度和土耳其，由牛分枝杆菌所致的人结核病的比例分别为28%、15%、16%、17%、9%和5%。在发展中国家，人兽共患结核病仍然是一个严重的公共卫生问题。由于能够分离和鉴别牛分枝杆菌实验室的数量有限，因此人们并不清楚人兽共患结核病在大多数发展中国家的实际感染程度，唯一可以确定的是其严重性远远高于发达国家。

牛结核病中有7%是由人结核分枝杆菌感染的，而结核病患者中的10.6%为牛分枝杆菌感染。世界上结核病患者中约有15%是通过饮用患有结核病的牛所产的牛奶而感染的，儿童结核病病例中约26%是由牛结核分枝杆菌引起的。在圣地亚哥的1 931个结核病例中，分离的菌株中有7%被确定为牛分枝杆菌；从儿童中分离33%的菌株是牛分枝杆菌，这些感染病例与食入未消毒的粗制奶产品有关。1984—1989年，在阿根廷的主要牛奶生产区，感染牛结核病的患者达到2.4%～6.2%，其中64%是农民和肉类加工工人。

2019年，全球约有140 000例牛分枝杆菌感染患者，其中有11 400例患者死于牛分枝杆菌感染。2020年，用于结核病预防、诊断、治疗和关怀的费用约为65亿美元，是到2022年每年至少130亿美元目标的50%。2018年，用于结核病研究的资金为9.06亿美元，还没有达到2018—2022年每年20亿美元目标的一半。

人和动物结核病的交叉感染使得此病流行范围极广，严重干扰了人类社会公共卫生安全和我国畜牧业的持续发展。

（三）给养牛业带来的影响

TB是由*M. bovis*引起的一种慢性传染性的人兽共患病，国际兽疫局将其列为必须通报的动物疫病，1993年宣布结核病处于紧急状态。全世界感染TB的牛至少有5 000万头，每年此病约造成30亿美元的经济损失。TB呈世界性分布，一年四季均可发生。牛最常通过气溶胶感染，也有通过摄入受污染的饲料感染的病例。TB多为散发，集约化饲养时多发。TB的潜伏期一般是16～45d，有时可达数月、数年，常见慢性感染，也有急性感染。牛在感染早期一般无明显的临床症状，感染晚期临床症状明显，如消瘦、食欲不振、虚弱、波动热等，甚至衰竭后死亡。奶牛感染TB后常见乳腺炎，乳量和乳质降低；使役牛感染后，出现渐进性消瘦、劳动能力下降等临床症状。根据患病部位不同，结核病可分四种：①肺结核，长期的顽固性干咳，病牛有贫血和逐渐消瘦的病症，呈现稽留热或弛张热，体温有时可在40℃以上，呼吸困难，最后可能会因心力衰竭死亡。②淋巴结核，下颌、咽、颈、肩前、腹股沟、股前部等多见淋巴结发生肿大。③乳房结核，乳房淋巴结肿大，两侧乳有局限性或弥散性的硬结，无热痛反应；但产乳量明显下降，严重时乳汁稀薄如水，有时有脓块；后期乳腺萎缩，甚至停止泌乳。④肠结核，多见于犊牛，感染牛食欲不振，消化不良，下痢和便秘交替。

我国畜间结核病以牛最为常见，特别是奶牛结核病相对更为严重。患病奶牛寿命期缩短，产奶量显著降低，母牛常常不能妊娠；使役牛患病后逐渐消瘦，劳动能力减弱。在墨西哥，TB致使奶牛产奶量下降17%，且发现该病与高产奶牛具有相关性。在试验牛群中，结核菌素检验阳性奶牛比阴性奶牛的产奶量显著下降，平均产奶率最低减少4%，平均产奶量减少347kg（表2-1）。

表2-1　结核病阳性奶牛对奶业的危害

平均产奶量下降百分比（%）	产奶量最低减少百分比（%）	阳性牛平均产奶量减少（kg）
17	4	347

从确保人的健康安全出发，杜绝“结核奶”势在必行，而杜绝“结核奶”的关键是控制“结核奶牛”。喝放心牛奶必须从源头抓起，而从源头上确保奶牛健康就可保证牛奶的安全，让人们喝上放心奶、安全奶。同时，奶牛的健康对饲养人员、挤奶人员、配种人员、防疫人员、管理人员的身体健康也起了保

护作用。

三、结核病分布

（一）世界分布情况

1. 人间分布情况 结核病不仅是严重危害全球人群健康的公共卫生问题，而且是一个重大的社会问题，其流行已严重阻碍了社会和经济的发展。2019年全球估算新发结核病患者996万例，其中成年男性554万例，成年女性322万例；0～14岁儿童约119万例，较2018年增长7万例，其中男性和女性分别约为62万例和57万例。新发病例主要来自东南亚区域（44%）、非洲区域（25%）和西太平洋区域（18%）。新发患者数居前八位的国家分别是印度、印度尼西亚、中国、菲律宾、巴基斯坦、尼日利亚、孟加拉国和南非。这些国家估算新发结核病患者总数占2019年全球估算发病总数的66.7%，其中居前三位的印度、印度尼西亚和中国估算新发结核病患者总数占全球估算发病总数的近一半。

2019年全球估算结核病发病率为130例/10万人。向WHO进行年报的198个国家/地区估算结核病发病率相差很大，其中54个国家估算结核病发病率低于10例/10万人，多集中于美洲区域、欧洲区域、东地中海区域和西太平洋区域的个别国家，多数结核病高负担国家的发病率为150～400例/10万人，个别结核病高负担国家如中非、朝鲜、莱索托、菲律宾和南非均高于500例/10万人。从发病率总体变化趋势而言，无论是结核病发病的绝对数，还是发病率均在缓慢下降。2000—2019年，全球结核病发病率平均每年下降1.7%，2018—2019年下降2.3%，2015—2019年累计下降仅9%。

2019年全球估算结核病死亡例数141万人，主要分布于非洲区域和东南亚区域，这两个区域的死亡总数占全球死亡总数的85%。其中，印度死亡例数最多，占全球死亡总数的31%。WHO发布的《2019年全球卫生估计报告》指出，2000—2019年，结核病死亡例数从第7位降至第13位，全球死亡例数因此减少了30%。虽然结核病退出全球十大死因行列，但它仍位居非洲区域和东南亚区域十大死因之列。2015—2019年结核病死亡绝对数降幅仅为14%；欧洲区域死亡例数下降最快，2015—2019年的死亡例数累计下降了31%；其次是非洲区域，2015—2019年累计下降了19%；美洲区域、东地中海区域、东南亚区域和西太平洋区域在同期死亡例数累计下降幅度分别为6.1%、11%、10%和17%。

2. 畜间分布情况 除了南极洲、加勒比海、南美洲的部分地区和澳大利亚以外，牛结核病在全球都有分布（表2-2）。美国是世界上第一个实行根除牛结核病的国家，1917年联邦和各州合作后，实施消灭牛结核病的计划。

1922 年初牛结核病的发病率下降至 4%，1940 年下降至 0.48%，以后一直呈零星散发趋势，1967 年部分州宣布为无结核病牛群。目前，美国全国已经无结核病牛群的报道。牛结核病在世界范围内分布广泛，一般规模化养殖场以区域流行性为主，农村主要以散发为主。西方发达国家牛结核病的防控工作比较到位，已有多个国家消灭了此病。但许多发展中国家因政策、经济、畜牧业发展不同及对牛结核病认识的不足，不重视牛结核病的防控工作，牛结核病防控形势较为严重。目前国际上对控制牛结核病普遍认同的方法为"检疫—扑杀"策略，即将 SITT 检测结果中的阳性牛扑杀并作无害化处理。

（1）西半球牛结核病流行情况

①北美洲　1917 年，美国开始实施牛结核病根除计划。但因观赏动物和野生动物等传染源的持续存在，根除计划面对的阻碍巨大，目前美国牛结核病为零散型发病模式。加拿大在家畜结核病没有根除之前，野生动物结核病一直未被政府重视，结核病一直在野生动物（如麋鹿、长耳鹿等）中流行。在 1997—2008 年 RMNP 地区检测计划中，发现 40 头麋鹿、8 头白尾鹿受到结核分枝杆菌的感染。但因病原多样性，所以较难获得临床样本和流行病学数据。

②拉丁美洲　拉丁美洲有 12 个国家报道发生过牛结核病，7 个国家为地方性流行，1 个国家为高发病率。1985—1995 年，巴西牛结核病的感染率从 5%增至 21%，呈逐年上升趋势。

（2）东半球牛结核病流行情况

①欧洲　欧洲经济共同体自建立以来，一直十分重视牛结核病的防控工作，欧盟多次制定和修改相关法规来控制牛结核病。1980 年，丹麦首先根除牛结核病；1995—2004 年，荷兰、芬兰、瑞典、德国、卢森堡、奥地利、意大利、法国、比利时、捷克各国相继根除牛结核病（表 2-3）。意大利因存在野牛群，所以南部的一些区域仍有牛结核病流行。英国和爱尔兰的獾及地中海地区的野熊也是此区域牛结核病流行的重要原因，目前该两个国家拥有欧洲最大的牛结核病群流行率，分别为 3.27%和 4.27%。可见野生动物在牛结核病流行中起到了重要作用，要控制牛结核病，一定要对野生动物结核病加以控制。西班牙采用牛强制"检疫—扑杀"策略后，1.43 万个牛群的 62.5 万头牛的牛结核病群发病率从 1987 年的 12%下降到 2008 年的 1.68%，成效显著。

②大洋洲　澳大利亚严格采取"检疫—扑杀"策略，现已在家畜中消灭了牛结核病。但因獾和狐狸等野生动物宿主的存在，而牛分枝杆菌可通过野生宿主排泄物传播，所以又有新的牛结核病例报道。

③非洲　非洲是牛结核病发病率最高的地区，仅有 7 个国家采用了疫病控制措施或考虑将牛结核病归为必须上报的疫病。非洲有 25 个国家发生了牛结

核病，6个国家的牛结核病呈地方性流行，2个国家的牛结核病发病严重。在非洲，有85%左右的牛和82%的人生活在结核病的流行区。此外，野牛、羚羊等对牛结核病的流行影响较大。尤其是在非洲大草原上，动物之间接触十分频繁，结核病在家畜和野生动物中的传播速度较快。

④亚洲　亚洲也是结核病的高发区，据WHO公布的监测报告显示，印度结核病的发病率及感染率都是全球第一，而中国紧随其后。亚洲有16个国家报道发生过牛结核病，巴林报道当地的牛结核病呈地方性流行，只有7个国家将此病列为必呈报的疫病，并采用“检疫—扑杀”控制策略。但是，其中只有小于1%的水牛和小于6%的奶牛采取“检疫—扑杀”控制策略。剩余国家仅部分控制或根本不控制此病。在不重视牛结核病防控的亚洲国家中，大于99%水牛和94%的牛群感染结核病，且94%的人口生活在这些国家。

表2-2　牛结核病的世界分布

洲或地区	国家数量（个）	发生牛结核病国家数量（个）	发病国家占该洲的比例（%）
亚洲	36	16	44.44
欧洲	44	4	9.09
北美洲	3	2	66.67
拉丁美洲和加勒比海	34	12	35.29
非洲	55	25	45.45
大洋洲	24	2	8.33

表2-3　已控制或消灭牛结核病的地区

洲或地区	消灭牛结核病的国家	控制牛结核病的国家
亚洲	—	日本
欧洲	丹麦、比利时、挪威、荷兰、瑞典、芬兰、卢森堡	英国、法国
北美洲	—	美国、加拿大
拉丁美洲和加勒比海	—	—
非洲	—	—
大洋洲	澳大利亚	—

（二）我国分布情况

1. 人间分布情况　中国是结核病高发的国家，是全球22个结核病高负担国家之一，发病人数仅次于印度，居世界第二位。2009年新发结核病例130万例（96例/10万人），占全球的14%，因结核病死亡病例15万例（11例/10万人）。我国结核病流行具有“感染结核病菌人数多、患肺结核病人数多、结核病死亡人数多、耐药结核病人数多和农村结核病人数多”的特点。

2. 畜间分布情况　我国牛结核病的流行情况主要经历了三个阶段。

（1）*中华人民共和国成立初期*　此期随着国外引入大量的奶牛，结核病在我国出现了大暴发。1955 年抽检 3 349 头，阳性率为 36.4%。以后政府采取了一系列措施，结核病流行情况得到了有效控制，阳性率控制在 10%左右。

（2）*20 世纪 70 年代*　随着奶牛业的发展，牛结核病的流行于 20 世纪 70 年代达到了历史的最高峰，个别地区检出的阳性率高达 67.4%。随着政府采取检疫、扑杀、消毒、监督相结合的综合防治措施，疫情得到了控制。1985 年和 1987 年全国奶牛结核病抽样调查结果显示，阳性率分别为 5.83%和 5.41%。

（3）*2000 年以后*　对北京等 16 个省（自治区、直辖市）进行的奶牛结核病抽样调查中，有 10 个省（自治区、直辖市）的阳性率为 1%～10%，低于 1%的有 6 个，黑龙江省的阳性率最高（7%），四川、湖南、甘肃、江苏、新疆等省（自治区）奶牛结核病疫情呈现回升趋势。此后，未见全国性的普查数据，大都是地方性的统计结果。胡一飞等（2001）应用 PPD 皮内变态反应检测了浙江省瑞安市的7 013头奶牛，其中结核病阳性牛有 300 头，平均阳性率为 4.28%。李晓梅等（2003）对宁夏回族自治区灵武市奶牛结核病进行了检测，阳性率达 16.7%。黄瑛在 2001—2005 年，对新疆维吾尔自治区昌吉市的 12 278头奶牛用 PPD 皮内变态反应试验进行了检测，其中结核病阳性奶牛有 356 头，平均阳性率为 2.9%（356/12278）。周生明等于 2000—2009 年对甘肃省的共421 012头奶牛进行了检测，其中结核病阳性奶牛共 454 头，平均阳性率为 0.11%，10 年来的平均阳性率呈下降趋势。白兴武（2009）在青海省共和县检测了 934 头牛，阳性率为 0.96%。罗树华等于 2004—2007 年对云南省昌宁县的牛结核病进行了检测，其间每年的阳性率分别为 20.6%、4.8%、17.4%和 7.1%。熊朝先等（2010）通过牛型结核分枝杆菌 PPD 皮内变态反应试验共检测了2 075头奶牛，阳性率为 1.44%。从这些研究数据可以看出，2000 年之后牛结核病在我国依然存在，而且个别地区的阳性率较高。

在我国，结核病流行历史悠久（表 2-4 表 2-5）。20 世纪 40 年代，我国引入大量结核病阳性牛，从此结核病开始广泛流行。50 年代牛结核病出现一次大暴发，阳性率高达 36.4%；1955 年抽检的3 349头牛中，阳性率高达 36.4%，政府采取了一系列措施之后，阳性率控制在了 10%左右；1957 年浙江省牛结核病的阳性率高达 41.30%。50 至 60 年代，我国牛结核病的发病率缓慢上升；70 年代，牛结核病流行率最高，有的地区阳性率高达 67.4%；80 年代阳性率仍在 10%以上。1985 年和 1987 年的 2 次全国奶牛结核病抽样调查显示，结核病患病率分别为 5.83%、5.43%。全国性和地方性的调查数据显示情况基本一致，但个别地区疫情比较严重。90年代中后期，奶牛养殖业扩大，个体养牛户增加，畜牧跨地交易频繁，奶牛结核病疫情逐年上升。2000年，我国16个省（自治区、直辖市）的牛结核病流行病学调查结果显示，10个省（自治区、直辖市）结核病阳性率为1%～10%，黑龙江省阳性率甚至高达到7%。2009年，对我国14个省（自治区、直辖市）的牛结核病流行病学调查结果显示，个体阳性率为8.8%，群阳性率为53.5%，牛结核病流行由散发向暴发趋势发展。2011—2012年对结核病较严重的12个省（自治区、直辖市）进行的流行病学调查统计显示，个体阳性率为24.1%，群阳性率为54.6%；各地发病率不同，个别地区奶牛结核病阳性率达到72.7%，群内阳性率达54.4%。综上所述，牛结核病在我国的流行率依然很高，该病对我国养牛业健康发展的影响仍然较大。

表2-4　20世纪各年代我国牛结核病发病和检疫情况

年代	发病数（头）	死亡数（头）	皮内变态反应试验检疫数（头）	阳性数（头）	阳性率（%）	省最高阳性率（%）	个别奶牛场最高阳性率（%）
50	7 539	551	1 460 593	5 003	0.30	41.03	60.65
60	21 874	1 064	2 178 710	3 712	0.40	72.90	72.90
70	59 154	5 913	7 169 659	16 639	0.23	28.85	67.40
80	57 584	4 045	9 544 244	52 348	0.55	18.60	81.09
90					2.68	7	

表2-5　20世纪各年代我国牛结核病分布和阳性牛处理情况

年代	发生的县数（个）	发生的乡数（个）	皮内变态反应试验检疫数（头）	阳性数（头）	阳性率（%）	阳性处理数（头）
50	88	806	1 460 593	5 003	0.30	1 484
60	268	2 181	2 178 710	3 712	0.40	4 635
70	590	1 939	7 169 659	16 639	0.23	5 096
80	1 146	3 206	9 544 244	52 348	0.55	12 853
合计	2 092	8 132	20 353 206	82 702	2.68	24 068

第二节　病原学

一、分类地位

牛分枝杆菌是牛结核病的主要病原，结核分枝杆菌复合群的其他成员也可感染牛，如人结核分枝杆菌、山羊分枝杆菌等；禽分枝杆菌一般认为对牛不致病，但感染后可干扰牛结核病的检疫。区分各成员具有流行病学意义。由于基因组的同源性很高，因此很难依靠一种方法完全区分各成员，往往需要综合分子生物学、致病特征、代谢特征、形态和培养特征等多方面的结果才能准确诊断。

（一）分类和命名

在微生物学分类上，牛分枝杆菌属于原核生物界、原壁菌门、放线菌纲、放线菌目、分枝杆菌科、分枝杆菌属。迄今报道的分枝杆菌属（*Mycobacterium*）成员有100多种。

1. 结核分枝杆菌复合群　结核分枝杆菌复合群目前有8个成员，分别为：牛分枝杆菌（*Mycobacterium bovis*）、结核分枝杆菌（*Mycobacterium tuberculosis*）、牛分枝杆菌卡介苗（*Bacrlle Calmette-Guerin*，BCG）、非洲分枝杆菌（*Mycobacterium africanum*）、田鼠分枝杆菌（*Mycobacterium microti*）、山羊分枝杆菌（*Mycobacterium caprae*）、海豹分枝杆菌（*Mycobacterium pinnipedii*）及卡内蒂分枝杆菌（*Mycobacterium canettii*）。在基因水平上，牛分枝杆菌相对于结核分枝杆菌H37Rv菌株缺失了11个区域（region of difference，RD），包括91个开放阅读框；而卡介苗菌株相对于牛分枝杆菌而言，又缺失了5个区域，包括38个开放阅读框。结核分枝杆菌复合群成员之间的相关性主要通过分子生物学技术，如DNA-DNA杂交、多位点酶电泳法、16S rRNA基因测序及16S-23S rRNA基因内转录间隔区序列检测等来确定。临床上通常结合传统的细菌学菌种鉴定技术和分子生物学技术对分枝杆菌的菌株进行定型鉴定。

（1）分型方法　传统的分枝杆菌分型方法主要以能否在特定的鉴别培养基上生长及其形态为依据，但由于培养分枝杆菌常需要较高生物安全级别的实验室，且由于多种分枝杆菌生长速度慢，对营养的要求高，操作复杂、费时，因此存在很大的限制性。

目前，多种分子生物学方法已广泛用于MTBC的分型，如限制性片段长度多态性（restriction fragment length polymorphism，RFLP）、间隔寡核苷酸分型方法（spoligotyping）、数目可变串联重复序列（variable number of tandem repeats，VNTR）DNA测序（*gyrB*和*HSP65*基因等）、差异区（regions of differences，RDs）PCR扩增等。

（2）主要成员

①牛分枝杆菌　牛分枝杆菌（*M. bovis*）于1896年被首次鉴定，曾被称为牛型结核杆菌或牛结核分枝杆菌。牛分枝杆菌是牛结核病的主要病原菌，对人类同样具有致病力。牛分枝杆菌比结核分枝杆菌具有更广泛的宿主，家养牛被认为是其自然宿主，是人类和其他动物的主要传染源。此外，野生动物可能在结核病的维持和传播中发挥重要作用，如獾、负鼠、鼬、红鹿、野猪、开普水牛和白尾鹿等。

②牛分枝杆菌卡介苗　牛分枝杆菌卡介苗（Bacrlle Calmette-Guerin，BCG）是目前世界上唯一用于预防人结核病的疫苗，对人类无潜在致病性，是牛分枝杆菌在含胆盐马铃薯培养基上经过 13 年 230 次传代而获得的减毒株。该菌株与其他分枝杆菌菌株表型特征相似，但是由于长期传代，因此其生物学性状与亲本株有所改变，能够在丙酮酸缺乏的培养基中生长良好，且菌落与结核分枝杆菌类似；在基因水平上，卡介苗较牛分枝杆菌丢失了 5 个基因片段，较结核分枝杆菌丢失了 16 个基因片段。所以新分类法将卡介苗与牛分枝杆菌独立，称为牛分枝杆菌卡介苗（*M. bovis* BCG）。由于在不同实验室长期传代，因此 BCG 也出现许多变异株，但除吡嗪酰胺以外，这些 BCG 菌株对一线抗结核药物均敏感。

③结核分枝杆菌　结核分枝杆菌（*M. tuberculosis*，Mtb）是 Robert Koch 于 1882 年发现的人类结核病的主要病原菌，在医学实践中常以人型结核杆菌、结核菌等俗名相称。结核分枝杆菌为需氧菌，生长速度缓慢，可通过空气微粒传播，能入侵人体多个组织和器官，淋巴结和肺是最常被入侵的组织器官。

④非洲分枝杆菌　非洲分枝杆菌（*M. africanum*）于 1968 年从非洲结核病患者的肺部首次被分离得到。该菌在性状上和牛分枝杆菌一致，而烟酸试验呈阳性特征则与结核分枝杆菌一致。有研究认为，非洲分枝杆菌是牛分枝杆菌烟酸试验阳性的变异菌株。该菌经典的表型特征和遗传标记包括：缺乏 RD9，存在 RD12 及特异的 *gyrB* 基因多态性。

⑤田鼠分枝杆菌　田鼠分枝杆菌（*M. microti*）于 1957 年被首次分离和鉴定，是田鼠和其他动物的病原菌。研究表明，田鼠分枝杆菌对人可能具有感染性。

⑥山羊分枝杆菌　山羊分枝杆菌（*M. caprae*）是 1999 年从西班牙山羊中分离得到的结核分枝杆菌复合群成员之一。该菌株与牛分枝杆菌有共同的表型特征，但对吡嗪酰胺敏感。然而其他特征与结核分枝杆菌复合群的其他成员不同，因此该菌株随后被命名为牛分枝杆菌山羊亚种（*M. bovis* subsp. Caprae），后来作为一个新种被命名为山羊分枝杆菌。与牛分枝杆菌类似，山羊分枝杆菌对人及其他哺乳动物具有致病性。

⑦海豹分枝杆菌　海豹分枝杆菌（*M. pinnipedii*）对海豹及其他动物有致病性，存在感染人的可能性，但目前尚未发现感染人的病例。

⑧卡内蒂分枝杆菌　卡内蒂分枝杆菌（*M. canettii*）菌落平滑，具有光泽，被认为是结核分枝杆菌复合群中的罕见菌株。虽然该菌株可以引起人类结核病，但还不能确定其是否为结核分枝杆菌复合群的一个单独种或亚种。

2. 麻风分枝杆菌　麻风分枝杆菌（*M. leprae*）可导致人麻风病，主要表现为皮肤和周围神经系统损伤，患者虽可治愈，但常因治疗不当或不及时而导致终身残疾或畸形。

麻风分枝杆菌是一种古老的细菌。历经长时间的演化后，目前有 5 个型，编号为 0 型、1 型、2 型、3 型、4 型，各型之间都存在很强的地理联系。欧洲菌株是 3 型的唯一成员，2 型主要存在于中亚和中东地区。该菌生长速度缓慢，生长周期为 11～13d。低温环境中的存活时间较长，生长温度低于 36℃。0℃可存活 3 周，−60～−13℃下可存活数月。麻风分枝杆菌入侵机体后，其靶细胞主要为单核巨噬细胞和外周神经雪旺氏细胞（Schwann's cells，SC）。

3. 非结核分枝杆菌 非结核分枝杆菌（*Nontuberculous mycobacteria*，NTM）是分枝杆菌属内除 MTB 复合群和麻风分枝杆菌以外的其他分枝杆菌。迄今为止，共发现 NTM 有 154 种和 13 个亚种，大部分为腐物寄生菌，仅少部分对人致病。

（1）分型方法 《伯杰系统细菌学手册》根据 NTM 的生长速度将其分为缓慢生长非结核分枝杆菌和快速生长非结核分枝杆菌。

为适应医学临床的需要，1959 年 Runyon 主要依据在试管内生长的温度、速度、菌落形态及色素产生与光反应的关系等又进一步将 NTM 分为以下 4 个群。

①Ⅰ群 光产色菌，在固体培养基上不见光时菌落为淡黄色，经光照后变为黄色或橙色。

②Ⅱ群 暗产色菌，在无光时菌落为黄色或红色。

③Ⅲ群 不产色菌，无论光照与否，菌落均不产生色素，也可呈灰白色或淡黄色。

④Ⅳ群 快速生长的分枝杆菌，在新鲜培养基上，7d 内可以出现肉眼可见的菌落，微菌落试验结果阴性。

由于根据生化和鉴别培养基进行菌种鉴定的传统方法不但耗时，而且还不能将许多 NTM 菌种完全鉴定出来，因此鉴定菌种时建议结合细菌各个方面的特征进行综合考虑。现在公认的 NTM 种类已超过 154 种。随着分子生物学的发展，人们发现 NTM 的 16S rRNA 高度保守，如果其存在 1%以上的差异，即可以定义为新的 NTM 菌种。因此，NTM 种类还将不断增加。

（2）主要种类 非结核分枝杆菌主要种类有鸟分枝杆菌复合群（*M. avium* complex，MAC）、快速生长分枝杆菌（*rapidly growing Mycobacteria*，RGM）、海洋分枝杆菌（*Mycobacterium marinum*）、瘰疬分枝杆菌（*Mycobacterium scrofulaceum*）及其他非结核分枝杆菌。

二、形态学基本特征与培养特性

（一）形态结构与染色

1894 年，Schmith 首先发现了牛结核病的病原菌；1976 年，Karlson 等将其定名为牛分枝杆菌。1989 年，Smith 等将牛分枝杆菌与其他分枝杆菌区分开来。牛结核分枝杆菌粗而短，着色不均匀；禽结核分枝杆菌短而小，为多形性；人结核杆菌为直或微弯的细长杆菌。

牛结核分枝杆菌与结核分枝杆菌形态类似，细长略带弯曲，需氧，呈单个或分枝状排列，无鞭毛，无运动性，不形成芽孢，不产生内外毒素，大小为（1～4）μm×（0.4～0.6）μm，较短粗。至于是否有荚膜，存在争议。大部分学者认为，分枝杆菌的外膜（cell envelope）应该分为细胞膜和细胞壁，细胞壁包括核心部分与外层膜部分；也有学者认为，分枝杆菌的外膜部分应该分为细胞膜、细胞外膜（细胞壁）和荚膜。在电镜下可以观察到微荚膜。微荚膜的主要成分为多糖，部分为脂质和蛋白质。细胞壁含肽聚糖和大量脂质，脂质含量较高，占干重的20%～40%，特别是有大量分枝菌酸，可影响染料穿入。最表层的微荚膜结构、细胞壁中包围在肽聚糖外层的特殊组分，赋予结核分枝杆菌特殊的生物学形状，与细菌的毒力密切相关，是致病性及免疫性的重要物质基础。在陈旧的病灶和培养物中，常有不典型形态，可呈颗粒状、短棒状、长丝形、串球状等。

结核分枝杆菌革兰染色虽为阳性，但是不易着色，一般使用齐-尼（Ziehl-Neelsen）抗酸染色法染色。这是分枝杆菌与其他细菌的重要区别。结核分枝杆菌经5%苯酚复红加温染色后可着色，但不能被3%盐酸乙醇脱色，故菌体呈红色。而其他细菌呈蓝色，为抗酸染色阴性。

（二）培养特性

结核分枝杆菌为专性需氧菌，是一种兼性寄生菌。但是结核分枝杆菌对营养的要求高，分离培养时常用罗氏培养基，内含蛋黄、甘油、马铃薯、无机盐和孔雀石绿等，最适 pH 为 6.5～7.0。牛分枝杆菌在 pH 为 5.9～7.4、最适温度为37℃的环境下生长缓慢，每分裂1代需要 18～24h，接种后一般需要培养3～4周才会出现肉眼可见的菌落。菌落表面呈颗粒状，形似菜花样，颜色通常为乳酪色或黄色。结核分枝杆菌在液体培养基内呈粗糙皱纹状菌膜生长，若在液体培养基内加入 Tween-80 等水溶性脂肪酸，则能够均匀、分散生长。进行药物敏感试验时需要在培养基中加入 Tween-80。

（三）生化反应

结核分枝杆菌在罗氏（L-J）和 TCH 培养基上生长，牛分枝杆菌仅在罗氏（L-J）培养基上生长，而禽分枝杆菌在 PNB、TCH、L-J 这 3 种培养基上均可生长。

牛分枝杆菌不能合成烟酸也不能还原硝酸盐，而结核分枝杆菌的这两项试验均为阳性。

各型菌均产 H_2O_2 酶。结核分枝杆菌和牛分枝杆菌的触酶试验呈阳性，但触酶试验呈阴性，禽分枝杆菌的这两类试验均为阳性。耐热触酶试验检查方法是将浓的细菌悬液置 68℃水浴加温 20min，再加入 H_2O_2，观察是否产生气泡，有气泡者为阳性。此外，各型菌均为不发酵糖类（表 2-6）。

表 2-6　常见分枝杆菌的生化试验特性比较

菌型	烟酸试验	Tween-80 水解试验	触酶试验	硝酸盐还原试验	尿素酶试验	TCH 抗性试验	PNB 培养基
牛分枝杆菌	—	—	—	—	+	—	—
结核分枝杆菌	+	—	—	+	+	+	—
禽分枝杆菌	—	—	+	—	—	+	+

（四）耐药性

卡介苗（BCG）、利福平和异烟肼等药物于 20 世纪研制成功后，结核病作为一种“不治之症”的局面自此彻底改变。但几十年的免疫和药物临床应用，使得结核病产生了严重的广泛耐药性、多重耐药性、极端耐药性和完全耐药性。卫生部在 2010 年的全国流行病学调查报告中指出，抗结核药物（一线）耐药率较高，平均高达 36.8%，临床分离菌株耐多药率平均达到 6.8%。世界上约有 5 000 人被耐药性结核分枝杆菌所感染，而且 66.6%的患者可能会发展成耐药性病例。耐药性结核病患者的死亡率可达 89%，且从诊断到死亡的时间仅仅为 4～16 周。WHO 于 1993 年对外宣布“全球结核病处于紧急状态”，2006 年遏制结核病策略正式启动。WHO 将耐药性结核病列为极有可能成为不治之症的一种疫病。国内检测结核病耐药性的方法有固体检测法和液体检测法。固体检测法常采用罗氏培养基，检测周期为 4 周，成本低。液体检测法有 MGIT/960 液体培养系统法，一般需 2 周，但所用仪器昂贵，在基层广泛推广性差。因结核病对异烟肼、利福平等药物产生耐药性的机理为结核分枝杆菌的编码基因发生突变，所以通过分析结核分枝杆菌某些特定基因序列突变与否，可对结核分枝杆菌的耐药性进行快速检测，此研究对临床诊断十分重要。常见的试验方法有 PCR-SSCP、DNA 直接测序法和杂交法等。这些方法有敏感性高、特异性强的优点，并且简便、快速，可同时具有筛查数个靶基因突变的优点，应用前景广阔。

三、理化特性

结核分枝杆菌的抵抗力比一般细菌强，因此不能被常规的物理、化学消毒方法杀灭。

（一）物理因素

由于结核分枝杆菌细胞壁脂质含量高，占干重的20%～40%，可防止水分丢失，故其对干燥环境的抵抗力特别强。湿热比干热的杀菌效果要好很多。一般60℃加热15min即可杀死分枝杆菌，或85℃加热5min、95℃加热1min也可杀死分枝杆菌；而干热灭菌则需要100℃加热4～5h才能达到灭菌效果，180℃干热作用3h可完全杀灭痰中的结核分枝杆菌。结核分枝杆菌有耐低温的特点，3℃可存活6～12个月。

结核分枝杆菌在干燥的痰标本中可存活6～8个月，甚至更长时间，因为痰可增强结核分枝杆菌的抵抗力。而煮沸2min才能杀死痰液内的结核分枝杆菌，彻底灭菌需要煮沸10min。结核分枝杆菌对日光和紫外线敏感，日光直接照射2～7h即可被杀死。

（二）化学因素

结核分枝杆菌的细胞壁富含脂质，对乙醇敏感，因此用70%～75%的乙醇处理3～5min后即变为阴性，20～30min可被杀死。升汞液对菌悬液有将强的杀毒作用，0.1%的升汞液10min左右就能杀死结核分枝杆菌。用2%石炭酸处理5min或5%石炭酸处理1min均能杀死悬液中的结核分枝杆菌。但在有痰液的情况下，5%石炭酸需要24h才能杀死菌体。来苏儿的效果和石炭酸相似，2%来苏儿溶液10min或5%来苏儿溶液5min可杀死结核分枝杆菌，但有痰时需要1～2h。结核分枝杆菌可在强酸（4%～6%硫酸）或强碱（4%氢氧化钠）环境中存活15min而不受影响，能够耐受30min左右。患者咳嗽、打喷嚏产生的气溶胶中含有结核分枝杆菌，但存活率低，5min后约有55%的结核分枝杆菌存活，30min后存活率低于10%，1h后几乎没有结核分枝杆菌存活。

（三）消毒方法

1. 化学消毒方法

（1）*70%～75%的酒精*　该浓度酒精直接接触结核分枝杆菌5min可以将其杀死，可用于手的消毒，但不能用于痰的消毒。

（2）*石炭酸溶液*　5%的石炭酸溶液与等量的痰液混合，24h可杀灭痰液中的结核分枝杆菌。

（3）*来苏儿溶液*　5%～10%的来苏儿溶液可用于带结核分枝杆菌的标本和动物尸体的浸泡消毒。

（4）甲醛液　对痰液内存在的分枝杆菌需 24h 才将其能杀死。

2. 物理消毒方法

（1）煮沸消毒　一般含有结核分枝杆菌的物品，应该持续煮沸 10min 以上才能达到完全灭菌的效果。

（2）高压蒸气灭菌　121.3℃（1.05kg/cm^2）持续 30min 的消毒处理是结核分枝杆菌及其污染物最安全、最彻底的灭菌方法。

（3）紫外线消毒　结核分枝杆菌对紫外线敏感。痰标本涂片在直射的太阳光下照射 2～7h，结核分枝杆菌可以被杀死。结核病患者的衣物、被褥等用品，采用太阳光照射是简单、有效的消毒法。尤其是在夏天，经过 3～4h 的照射可以完全达到消毒效果。结核病诊疗室、实验室应采取紫外线灭菌的常规消毒法。

四、致病特性

牛结核病又称为“珍珠病”，通常为慢性经过，潜伏期为半月至数年。大多数情况下牛结核分枝杆菌以休眠状态潜伏于动物体内而不引起任何临床症状，表现为潜伏感染；有的动物在感染几个月甚至几年后才会出现明显的临床症状，发展为活动性结核。病原菌可以侵染几乎所有的组织器官，患病器官不同，患畜所表现出来的症状亦有所不同。整体来说，患病动物表现为明显的食欲不振，顽固性腹泻，以致逐渐消瘦，易疲劳，偶见明显波浪热，间歇性咳嗽，部分个体伴随淋巴结肿大。

牛结核病以肺结核最为常见，其次为乳腺结核和肠结核，以及淋巴结核、胸膜结核和腹膜结核，有时可见肝、脾、肾、生殖器官、脑、骨和关节结核，严重者可表现为全身性粟粒性结核。

（一）对动物的致病性

奶牛受牛分枝杆菌侵害的组织不同，其发病时的症状也各不相同，其中以肺结核最为常见。奶牛在感染病原菌后，初期无明显异常表现，随后出现短促的干咳，四肢无力。随着病情的进展，咳嗽逐渐加重且频繁，部分奶牛出现呼吸困难等情况。在吸入冷空气、尘土或运动、饮用冷水后，临床症状明显加重。病情严重时，奶牛呼出的气体有严重的腐臭味，咳黏性或者脓性分泌物。患病奶牛全身消瘦，体温升高，产奶量急剧下降。

乳腺结核也是奶牛常见结核病之一，其可分为原发性和继发性两种。病牛多表现为一侧或者两侧后乳房病变，乳腺淋巴结肿胀，触摸时可见大小不一、数量不等的硬结，且无发热感，乳房变形，多呈不对称。病牛泌乳量大幅下降甚至绝乳，乳汁稀薄，呈黄绿色或者灰白色。

患肠结核后奶牛多表现为食欲不振，消化不良，常伴有前胃迟缓或者瘤胃胀气等。便秘与腹泻交替发生，腹泻时粪便呈粥样，多附有脓液。行直肠检查时，可触摸到奶牛肠系膜淋巴结发生肿胀，腹膜粗糙。

患生殖器结核病的奶牛，其阴道大量分泌黄白色黏性或者脓性分泌物，部分伴有血液。性功能紊乱，发情时间不规律，极难妊娠且妊娠后极易流产。公牛睾丸肿大，性欲增强，阴茎发生结核或者溃烂。

但是随着牛结核病控制和根除计划的实施，很多国家或地区在牛结核病发展早期就对动物进行扑杀，因此具备典型临床症状和病理变化的牛并不常见。临床上对牛结核病确诊必须借助一些辅助手段，如免疫学诊断方法等，同时结合流行病学、临床症状、病理变化和微生物学检查等进行综合判断。

（二）对人的致病性

结核分枝杆菌是能引起人类结核病的病原菌。牛分枝杆菌是引起牛结核病的病原菌，亦可感染人。这两种细菌对鸟不致病，可使其他动物致病。结核分枝杆菌侵入机体的主要门户是呼吸道。开放性肺结核患者在咳嗽或打喷嚏时，排出含有结核分枝杆菌的微滴核形成气溶胶，漂浮于空气中，被人吸入呼吸道即可感染。气溶胶直径在 5 μm 以下时可植入肺泡，肺结核是由结核分枝杆菌引起的最主要疾病。结核分枝杆菌通过血行传播，几乎可以感染身体的每一个组织或器官，并引起疾病。人类肺结核有原发感染和继发感染两种表现类型。

结核分枝杆菌不产生内、外毒素。其致病性可能与细菌在组织细胞内大量繁殖引起的炎症、菌体成分和代谢物质的毒性，以及机体对菌体成分产生的免疫损伤有关。

五、发病机理

结核病的发生是细菌、宿主和环境三大因素联合作用的结果。牛分枝杆菌主要导致牛结核病，但也可导致包括人在内的广泛宿主的结核病。结核分枝杆菌主要导致人结核病。实验动物模型常用于研究结核病的感染、发病、免疫过程，评价药物和疫苗效果等。例如，小鼠、豚鼠等的发病情况与感染剂量、感染途径等有关，可模拟牛结核病或人结核病的自然感染过程。牛分枝杆菌或结核分枝杆菌侵入宿主体内后，细菌和宿主在细胞水平及分子水平上发生一系列反应，体现在感染和抗感染的持续斗争之中。在细胞感染模型上，对巨噬细胞的研究最为广泛。随着基因组学和蛋白质组学研究的进展，对细菌毒力因子的了解日益增多。和牛分枝杆菌相比，对结核分枝杆菌的研究更为广泛和深入。因此，对牛分枝杆菌致病的细胞机制和分子机制进行描述，部分借用了结核分枝杆菌的研究资料和成果。

（一）感染宿主

牛分枝杆菌与人结核分枝杆菌基因组测序结果表明，二者序列同源性超过99.99%。尽管有如此高的同源性，但二者的宿主却存在显著差异。

牛分枝杆菌宿主范围很广，主要感染温血动物，包括50多种哺乳动物（如有蹄动物、有袋动物、食肉类动物、灵长类、鳍脚类动物和啮齿类动物等）和20多种禽类（如鸟类鹦鹉、石鸽、北美洲乌鸦等）。牛是其最为易感的动物，尤其是奶牛，其次是水牛和黄牛。实验动物中，豚鼠、兔对其有高度敏感性。牛分枝杆菌对仓鼠、小鼠有中等致病力，对家禽无致病力。

结核分枝杆菌主要引起人的结核病，灵长类动物、犬及其他与人接触的动物均可被感染。实验动物中以豚鼠、仓鼠最为敏感，可使小鼠致病。山羊和家禽对结核分枝杆菌不敏感（表2-7）。

表2-7　能分离出牛分枝杆菌的一些家畜及野生动物

中文名称	英文名称	拉丁文名称
长颈鹿	Giraffe	*Giraffa camelopardalis*
非洲大象	African elephant	*Loxodonta africana*
非洲野牛	African buffalo	*Syncerus caffer*
狒狒	Baboon	*Papio cynocephalus*
黑犀牛	Black thinoceros	*Diceros bicomis*
灰小羚羊	Grey duiker	*Sylvicapra grimmia*
驴羚	Lechwe	*Kobus leche*
猕猴	Rhesus monkey	*Macaca mulatta*
扭角林羚	Greater kudu	*Tragelaphus strepsiceros*
山羊	Goat	*Capra hircus*
狮子	Lion	*Panthera leo*
双峰驼	Bactrian camel	*Camelus bactrianus*
水牛	Water buffalo	*Bubalus bubalis*
跳羚	Springbok	*Antidorcas marsupialis*
弯角羚	Kudu	*Tragelaphus strepsiceros*
岩狸	Rock hyrax	*Procavia capensis*
野猪	Wild boar	*Sus scrofa*
疣猪	Warthog	*Phacochoerus aethiopicus*
蜘蛛猿	Spider monkey	*Ateles geoffroyl*

（二）细胞机制

大量研究表明，和结核分枝杆菌一样，牛分枝杆菌属于兼性寄生菌。原因是：首先，在感染的巨噬细胞内复制，故称为胞内菌；然后，随着病变发展又会出现在坏死组织中，即在巨噬细胞外进行复制。结核分枝杆菌无内毒素，不产生外毒素和侵袭性酶类，其致病物质主要是脂质、蛋白质和多糖。结核分枝杆菌中含有大量脂质，占菌体干重的20%～40%，在细胞壁上的含量最多，具疏水性，对环境的抵抗力较强。大量研究表明，结核分枝杆菌的毒力与其所含的复杂的脂质成分有关，尤其是糖脂。其脂质主要由索状因子、磷脂、脂肪酸和蜡质等组成。索状因子是分枝菌酸和海藻糖结合的一种糖脂，与结核分枝杆菌的索状生长有关，能破坏线粒体的呼吸作用，与结核分枝杆菌的毒力密切相关。磷脂能增强菌体蛋白质的致敏作用，产生干酪性坏死。脂肪酸中的结核菌酸有促进结核结节形成的作用。蜡质在脂质中所占比率最高，分枝菌酸与抗酸性有关。

牛分枝杆菌无内毒素，也不产生外毒素和侵袭性酶类，其致病作用主要靠菌体成分，特别是细胞壁中所含的大量脂质。脂质的含量与*M. bovis*毒力呈平行关系，含量越高牛分枝杆菌的毒力越强。与致病有关的菌体成分有：①脂质，包括磷脂、脂肪酸和蜡质等；②索状因子，因能使有毒结核分枝杆菌融合生长成索条状而得名，能影响细胞呼吸及氧化-磷酸化作用和抑制白细胞游走硫酸脑苷脂；③硫酸脑苷脂，虽无毒性，但在硫酯的作用下可助长索状因子的毒力，能抑制巨噬细胞内溶酶体和吞噬（phagosome）的融合作用，使细菌得以在巨噬细胞内长期生存和繁殖；④蜡脂，对结核性病变的干酪性病灶的液化、坏死、溶解和空洞形成起重要作用；⑤蛋白质，以结合形式存在于结合分枝杆菌细胞内，是完全抗原，具有极稳定的生物学活性物质；⑥多糖，在结核分枝杆菌细胞中大部分和磷脂、蜡质、蛋白质、核酸等相结合而存在，只有在和其他物质共存的条件下才能发挥对机体的生物学活性效应。多糖是结核分枝杆菌菌体完全抗原的重要组成成分，具有佐剂活性作用。结核分枝杆菌菌体内的多糖类物质能对机体引起中性多核白细胞的化学性趋向反应，并增强骨髓内嗜酸性细胞的增殖反应。另外，多糖类物质还可与免疫血清作用产生沉淀反应。能吸引中性粒细胞，诱发速发型变态反应。

牛分枝杆菌初次感染往往不表现症状，宿主可以控制免疫反应，使细菌不能繁殖和扩散，但是几乎不能将其根除。该菌是胞内致病菌中最容易造成并维持潜伏状态的，即出现无症状携带者，潜伏期的唯一临床指标是无症状携带者能够对结核分枝杆菌的抗原产生迟发超敏反应。结核病的许多症状其实是宿主的免疫反应所导致的，而非细菌的直接毒性作用。结核分枝杆菌成功感染需以下几个阶段：

首先要能抵制巨噬细胞的灭杀作用并成功繁殖。结核分枝杆菌具有对抗巨噬细胞的杀灭、在吞噬细胞中存活和复制的特性，这在结核分枝杆菌的致病性过程中起关键性作用。结核分枝杆菌表面结构的特殊理化特性，使其具有克服宿主细胞在吞噬过程中和吞噬后不利环境的能力，且能在巨噬细胞质内生长繁殖。结核分枝杆菌是通过与细胞上几种表面分子的特异性结合而进入巨噬细胞的。病原体进入细胞的确切途径能决定进入巨噬细胞内细菌的最后命运。已有研究证实，特定的受体和配基路径在决定被内吞的细菌命运过程中起重要作用。结核分枝杆菌通过补体受体途径安全地进入单核吞噬细胞内，从而避免了呼吸造成的毒性作用。因此，结核分枝杆菌是利用摄取途径避免了单核吞噬细胞的杀菌机制。吞噬细胞内的结核分枝杆菌定居在与其他胞内寄生菌不同的吞噬体中，这种吞噬体不会发育成熟为吞噬溶酶体，胞内的结核分枝杆菌抑制了吞噬溶酶体的融合。另外，结核分枝杆菌表面的糖脂成分可以清除有毒的氧离子，增强结核分枝杆菌在吞噬过程中的存活机会，而结核分枝杆菌细胞壁中的另一种成分酞化海藻糖-2-硫酸盐，可能与细菌灭活巨噬细胞中吞噬体的作用有关。

结核分枝杆菌修饰宿主的免疫反应，使宿主能够控制但不能根除细菌。吞噬了分枝杆菌的巨噬细胞不断地与胞外基质蛋白和其他免疫细胞进行信息交流，被吞噬的分枝杆菌通过对巨噬细胞受体的表达和功能变化的影响而调节免疫。

牛结核病感染最先导致原发病灶的形成，通常引起原发病灶区淋巴管附近的淋巴结产生干酪样病变。病原菌侵害处形成肉芽，进一步发展为肿瘤样的结核结节增生。病原菌的生长使这些结节异常增大，大的结节可能蔓延到空腔浆膜上。随着肉芽的生长，其中心可能出现坏死灶，最后中心部分缩小或趋于钙化、液化而成干酪样团块。在哺乳动物中，结核结节可形成致密的纤维组织，进一步的临床病变包括干酪样结节或空洞液化。结核分枝杆菌从原发病灶经淋巴液和血液转移，定居在其他器官和组织，因而又形成了其他的结核结节区。当大量的结核分枝杆菌从病变区进入血流时，众多结核结节就在主要器官（如肺等）形成急性感染而致命。如果少量细菌从原发病灶进入循环，就能在其他器官引起一些病变。这些广泛分布的病变可逐渐缩小，且在较长时间内保持较小的病灶，通常不能表现出临床征兆。牛结核病的抑制、发展或病灶的蔓延、扩大与宿主的相关免疫应答反应机能及细菌在潜伏期的增殖程度有关。

（三）免疫机理

牛分枝杆菌是典型的胞内寄居生长繁殖的细菌，因此细胞免疫是机体免疫系统最重要的组成部分。而对结核病来说，体液免疫的作用明显低于细胞免疫。体液免疫与细胞免疫分离的现象，在牛结核病致病过程体现得尤为突出。发病初期，以细胞免疫为主，细胞免疫则是在被激活的单核细胞、致敏淋巴细胞的相互协同作用下完成的。在发病过程中细胞免疫随着病情的加剧而逐渐削弱，相反体液免疫逐渐增加。因此，在发病后期主要以体液免疫为主。该病免疫的另一个特点是：传染性变态反应及传染性免疫共同发生、共同具有，可以选用牛 PPD 做变态反应来检测宿主对牛分枝杆菌是否有免疫力或能否被侵染。

该病在感染、发生、发展、转归的发病流程上都离不开宿主的免疫系统，在宿主的细胞免疫应答流程中，免疫细胞间是相互协作的，并且释放机体免疫反应所需要的细胞因子。此外，因为抗体不能顺利到达细胞内，所以体液免疫对细胞内寄生细菌感染的防御作用也随之受到一定程度的约束。因此，对胞内感染的防守功能主要是以细胞免疫为首，包括 T 淋巴细胞、巨噬细胞。另外，激活后的 T 淋巴细胞释放的一些淋巴因子也可以加强这一免疫反应。

（四）分子机制

1. 细菌蛋白分泌与运输 牛分枝杆菌和结核分枝杆菌类似，具有许多特殊的细胞壁成分。胞质膜外是牛分枝杆菌细胞壁层，由肽聚糖和阿拉伯半聚糖交联成网，其上有共价结合的长链分枝杆菌酸。这层细胞壁的最外层还连着一层自由的脂质，在一定条件下这层脂质可能成为多糖样外壳结构的一部分。这些特殊的细胞壁成分说明其可能具有新的转运系统，将表达的蛋白质运进或者穿越这层不寻常且复杂的细胞壁。

2. 毒力因子 结核分枝杆菌是单一致病菌感染导致病死率最高的细菌，且自 1882 年德国科学家 Robert Koch 发现结核分枝杆菌至今已有 100 多年的历史，但目前人们对结核分枝杆菌的致病机制仍尚不完全了解。该菌常见的致病因子包括参与黏附、侵袭、复制、持留及免疫抑制等过程的毒力因子和外毒素等。但是结核分枝杆菌的毒力与其他细菌不同，它没有经典的毒力因子，也不分泌外毒素。

以前一直认为，结核分枝杆菌没有毒力岛（pathogenicity islands，PAIs）。但近年来，在对结核分枝杆菌基因组序列进行深入研究发现，结核分枝杆菌有 3 个毒力岛，分别命名为 MPI-1、MPI-2 和 MPI-3。MPI-2 和 MPI-3 被认识得较早，除含有编码 PE/PPE 家族蛋白的基因外，MPI-2 还编码Ⅶ型分泌系统，MPI-3 还编码细胞壁分枝菌酸合成相关基因；MPI-1 为新发现的毒力岛，编码 CRISPR-Cas 家族蛋白，与结核分枝杆菌持续感染有关。

结核分枝杆菌分泌蛋白和细菌表面组分直接暴露于结核分枝杆菌生长环境（分枝杆菌吞噬体或培养基）中，是菌体与宿主细胞相互作用的重要分子。由于结核分枝杆菌的蛋白分泌机制还不完全清楚，因此我们通常说的结核分枝杆菌分泌蛋白主要是指培养滤液蛋白（culture filtrate proteins，CFPs）。存在于结核分枝杆菌培养滤液中的蛋白有200多种，其中很多种蛋白都能够被结核病患者的血清识别，因此受到了研究者的广泛关注。

第三节 流行病学

牛分枝杆菌宿主范围广，可潜伏感染50多种哺乳动物和20多种禽类。其流行与传播涉及生态系统中的不同成员，不仅包括家畜（如牛、猪）、驯养动物（如鹿）和人，而且还在野生动物（如獾等）各种宿主间相互传播，彼此成为传染源。在那些家养牛结核病已处于控制状态的国家，野生动物结核病向家养牛传播是阻碍家养牛结核病净化的最主要因素。分子流行病学是追溯牛结核病传播途径、阐明传播规律的最有效手段。

一、传染源

牛结核病的定义原本仅指牛发生的结核病，现在则泛指各类动物因感染牛分枝杆菌而发生的结核病。由于牛分枝杆菌宿主范围广泛，因此研究者们一度将焦点集中到其贮存宿主上。英国和爱尔兰的獾、新西兰的负鼠、赞比亚的驴羚都被认为是牛分枝杆菌的重要贮存宿主。野猪曾经被认为是有争议的宿主，但越来越多的证据表明，欧洲野猪已成为其他野生动物和家畜牛结核病的贮存宿主。除上述野生动物外的其他野生动物也能感染牛分枝杆菌，包括牦牛、花鹿、条纹羚、骆驼、欧洲小鹿、麋鹿、雪貂、香猫、转角牛羚、牦牛、大羚羊等，也可能为牛结核病的贮存宿主。至于具体地区何种动物成为贮存宿主，与该地区何种动物为优势种群动物有关。这些野生动物的感染一直存在，成为牛结核病最主要的传染源，也是家养动物结核病难以控制和根除的主要障碍之一。许多能有效控制其他传染病的策略在降低牛结核病的感染率方面都没有效果，原因是牛结核病潜伏感染动物数量多，传播途径多，尤其是人们并未完全了解其所有的传播途径；潜伏感染很普遍，且众多的潜伏感染个体都是隐藏的、常被忽略的传染源。在当前缺乏有效药物和疫苗用于牛结核病控制的条件下，这种“隐身”传染源的存在增加了根除该传染病的难度。

病畜和带菌畜是主要传染源。反刍动物对结核分枝杆菌易感，其中奶牛最易感。奶制品是人类感染牛结核病的重要来源，其次是被结核分枝杆菌污染的环境、水源等。近年来野生动物獾和狐狸等动物结核病的出现，增加了牛结核病感染的概率。野生动物通过排泄物将结核分枝杆菌排出体外，污染饲草、饲料和饮水等，奶牛采食后感染结核杆分枝菌，进而造成牛结核病的发生。

由于牛分枝杆菌的细菌壁富含类脂和蜡脂，因此该菌对外界环境的抵抗性较强。在干燥的痰内可存活6～8个月；在冰点下可存活4～5个月；在污水中可保持活力11～15个月；在动物尸体内也具有感染性。牛分枝杆菌对恶劣环境的超强抵抗力，使得患病动物排出的菌体在环境中能持久存在，接触到菌体的健康动物可能因此而被传染。

二、传播途径

根据已有的流行病学调查结果，归纳起来牛结核病的传播途径主要包括空气传播、消化道传播、撕咬传染和垂直传播、皮肤或黏膜传播、感染传播、试验性传播。

（一）空气传播

空气传播又分为飞沫传播、飞沫核传播和尘埃传播三种传播途径。

1. 飞沫传播 飞沫传播，指带有病原微生物的微粒（$>5\mu m$），在空气中短距离（1m内）移动到易感动物的口、鼻黏膜或眼黏膜等导致的疾病传播。吸入了被牛分枝杆菌污染的飞沫是牛结核病最主要的感染方式，只需很少数量的牛分枝杆菌即可引起感染。含有大量结核分枝杆菌或牛分枝杆菌的飞沫在病人或病畜呼气、打喷嚏、咳嗽时经口、鼻排入环境，大的飞沫迅速降落到地面，小的飞沫则在空气里短暂停留，局限于传染源周围。因此，经飞沫传播只能累及传染源周围的密切接触者。由于这种传播方式只发生在近距离接触时，因此主要存在于动物种群密度较大的情况，如家养动物间，以及养殖相关人员与家养动物间的结核病传播。野生动物活动范围大，通过飞沫传播的可能性很小。

2. 飞沫核传播 飞沫核是飞沫在空气中失去水分后剩下的蛋白质和病原体所组成的颗粒物，可以气溶胶的形式漂流到远处，在空气中存留的时间较长。由于牛分枝杆菌属于耐干燥的病原体，因此可通过此方式传播。

3. 尘埃传播 含有病原体的较大飞沫或分泌物落到地面，干燥后形成尘埃，易感者吸入后即可被感染。牛分枝杆菌是对外界抵抗力强的病原体，在尘埃中存活的可能性大，因此可通过此种方式传播。

空气传播的发生取决于多种条件，其中人口/牲畜密度、卫生条件、排菌者在人群/动物群体中的比例等起决定性作用。一般来说，经空气传播的传染病往往传播范围广泛，发病率高。因此，结核病在居住拥挤和人口密度大的地区或动物饲养密度大的养殖场高发。

（二）消化道传播

被污染的食物或饮水可经消化道传播牛结核病。在巴氏消毒法引入乳品加工业前，欧美发达国家因食用生鲜牛乳和消毒不全的乳制品而感染结核病的人不计其数，尤其是婴幼儿，因饮用病牛所产的奶而感染是婴幼儿结核病高发的最主要病因。此种情况的感染通常是经消化道而致消化道结核。令人感到意外的是，在那些因饮用牛分枝杆菌牛奶引起结核病的地区，婴幼儿肺结核的发病率反而低很多，约为牛结核病阴性地区的1/20，为婴幼儿肺结核总发病率的1/5。出现这种现象的原因可能在于，婴幼儿通过消化道接触牛分枝杆菌后，无论发病与否，黏膜免疫系统均获得了针对结核分枝杆菌和牛分枝杆菌的抵抗力，即便呼吸道接触到经飞沫传播的结核分枝杆菌和牛分枝杆菌，也不易发展为肺结核，因而发病率显著降低。但这种乐观的情况仅出现在婴幼儿和青少年中，在牛结核病盛行的地区，成年人通过呼吸道感染牛分枝杆菌导致肺结核的发病率仍然较高。

不仅人会因喝了含有牛分枝杆菌的牛奶（或食入奶制品）而感染，家养的猪或小牛也可能因食用从奶制品厂回收来的被污染废弃的奶产品而感染。因此，巴氏消毒法的应用，不仅保护了人类免受牛分枝杆菌感染，而且食用奶制品废弃物的家养动物也得到了保护。

由于牛分枝杆菌具有长时间在体外存活的能力，因此动物摄入有传染性的黏液、鼻汁、粪便和尿液等可经口感染牛分枝杆菌，造成病菌在种群内或种间传播。

牛分枝杆菌从人再传染到牛群通常是直接经空气传播，但也有少数是经间接途径的。例如，肾脏感染结核的患者其尿液中含有大量的结核分枝杆菌，排出的菌体污染垫料后，动物会因接触垫料而引起感染。荷兰和德国的流行病学调查统计结果表明，数位患有泌尿生殖系统结核病的人造成了多个牛群结核病的暴发。

（三）撕咬传播和垂直传播

新的感染通常是由于接触到牛分枝杆菌的菌体而引起的，一般是因为直接与感染动物接触或从环境中摄入。尽管最常见的传播途径是通过呼吸道吸入菌体，但动物之间的咬伤也是该病传播的途径之一。有严重肺结核的病畜其唾液和痰中含高浓度的牛分枝杆菌，通过咬伤感染的传播是野生动物间传播的重要途径之一。

尽管致病性牛分枝杆菌通过胎盘传染给胎儿的概率很小，但垂直传播的途径依然存在。哺乳期的病人或感染动物的乳汁中可能含有致病性牛分枝杆菌，当幼儿或幼畜吸食含菌的乳汁后，也会感染牛分枝杆菌。

（四）皮肤或黏膜传播

过去，皮肤或黏膜传播是挤奶工人局部皮肤、淋巴结病变、耳炎和结膜炎的零星来源，也经常见于处理结核病变导致皮肤受损的兽医身上，但近年来这种传播途径在发达国家已极为罕见。

（五）感染传播

有学者认为，6 个或更少的结核分枝杆菌即可造成呼吸道感染。使用兔的试验证实，含有散在结核分枝杆菌的气溶胶比含有集群或块状结核分枝杆菌的气溶胶更容易致病。吸入 3 个分散的活菌即可建立单个肺部病变。结核结节形成的平均数大致与吸入的结核分枝杆菌集群数相同。非雾化条件下，对小牛以 10^6 CFU 的剂量鼻内接种，可使其发生结核病病变并致死；以 10^4 CFU 的剂量接种，可成功感染；以 92 CFU 的剂量接种，则不致病。豚鼠感染试验证明，通过灰尘/干痰传播比通过液滴传播更有效。相对于病原菌的数量，液滴大小对于肺结核的感染更为重要，精细气雾剂悬浮液比粗糙气雾剂悬浮液更有效。有人推测颗粒必须足够小，才能成为感染颗粒，因为只有直径为 5μm 或更小的颗粒才可以到达肺泡并建立感染。而牛的消化道感染，则需要大量的牛分枝杆菌。

（六）试验性传播

被牛分枝杆菌污染严重的牧场，在试验中未能成功传播结核病。经粪便持续排出病菌的 3 头小牛，在面积为 816 m^2 的牧场上放牧 3 周，停止放牧 1 周后取另外 2 批，每批各 3 头试验性健康小牛，在此牧场上连续放牧 3 周。扑杀健康小牛未发现结核病病变，可见污染的环境对于牛分枝杆菌从牛到牛传播的作用并不显著。

试验感染牛在同圈接触时可高效传播牛结核病。封闭条件下，42 个无结核病牛场的 56 头牛，参加了为期 4d 的展览，80 d 后 51 头牛转为阳性，屠宰时 47 头中有 46 头存在肺结核病变。户外条件下，与 22 头结核病阳性牛（其中 21 头为牛分枝杆菌培养阳性）接触 125～257 d 后，其他健康牛并未发生感染。该试验证实，户外条件下，牛结核病的传播速度远远低于封闭条件下的传播速度。

三、易感动物

牛分枝杆菌是宿主范围非常广泛的病原之一。其易感动物主要是有蹄类动物，包括非洲水牛、森林野牛、北美野牛。奶牛最易感，水牛、黄牛和牦牛次之。某些鹿科动物也对牛分枝杆菌易感，如白尾鹿、黑尾鹿、红鹿和麋鹿。除家养和野生牛外，山羊、猪、绵羊、马、猫、犬、狐狸、獾、负鼠、兔、貂、羚羊、骆驼、羊驼、骆马、人类和非人灵长类动物都对其易感。总的说来，牛分枝杆菌能感染 50 多种温血脊椎动物和 20 多种禽类。

四、流行特征

牛结核病在世界范围内均有发生，是世界性的疾病。由于牛和人类的关系（牛奶、牛肉制品等）较其他动物更为密切，因此10%以上的人结核病是由牛分枝杆菌引起的。同时，牛结核病也是其他动物结核病的最大传染源。虽然牛结核病是一个非常古老的动物疫病，但是随着社会经济的迅速发展，该病的传播与流行又有了许多新的特点。人结核病的发病率不断上升，与牛结核病有明显的流行相关。人口的流动性增加也使得牛结核病的发病率不断上升，并且细菌的耐药性也呈现出更加严重的趋势。近年来患有结核病的野生动物獾和狐狸等的出现，增加了牛结核病感染的机会。因此控制牛结核病，必须兼顾野生动物结核病的防治。

作为牛结核病最主要的易感动物，牛在世界各地的养殖量都非常大，因此世界各国对牛结核病的防控都非常重视。欧美发达国家实施的牛结核病根除计划已有近百年，但对于牛结核病这样一个宿主谱广泛、潜伏感染普遍、病程缓慢，以及缺乏疫苗、治疗药物、快速诊断技术的人兽共患传染病而言，实现控制与净化却相当困难。欧盟已有不少国家，如丹麦、比利时、挪威、德国、荷兰、瑞典、芬兰、卢森堡等在家养牛中已消灭了牛结核病，获得欧盟“无结核”认可；澳大利亚已消灭牛结核病；日本、英国、法国、美国、加拿大等已控制了家牛结核病；但至今尚无任何国家获得OIE的“无结核”认可。英国、美国、加拿大等国牛结核病流行的主要原因是野生动物宿主充当了家养牛结核病的传染源。我国东北、西北、华北大部分地区的省（自治区、直辖市）都有本病发生的报道。由于奶牛和肉牛养殖业发展非常迅速，生产规模越来越大，集约化程度越来越高，牛流动范围也越来越广，因此牛结核病的发病率也呈上升趋势。

第四节　临床症状和病理变化

一、临床症状

潜伏期一般为10～15d，有的可长达数月或数年。临床上呈慢性经过，病初症状不明显，病程长时出现进行性消瘦、咳嗽、呼吸困难、营养不良、体表淋巴结肿大等症状，体温一般正常。病菌侵入机体后，由于其毒力、机体抵抗力和受害器官不同，因此感染症状亦不一样。在牛中，本菌多侵害肺、乳房、肠和淋巴结等。各组织器官结核可单独发生，也可同时存在。

理论上说，牛分枝杆菌可以侵染机体的所有组织。无论哪种类型的结核病，淋巴结都是首先受侵染的组织，尤其是头部淋巴结和胸部淋巴结。其他组织的结核病最常见的是肺结核病，其次为乳腺结核病、肠结核病，较为少见的有生殖器官结核病和脑结核病。

1. 肺结核 最常见，绝大部分牛结核病为肺结核病。发病初期可能出现短促的干咳，随后干咳逐渐加重，变为湿咳；呼吸增数，鼻孔时有淡黄色黏液或脓性鼻液流出。听诊肺部有啰音或摩擦音，叩诊为浊音。一旦出现体温变化或指压气管导致咳嗽、呼吸困难或出现轻度肺炎症状等则可初步确定为肺部受到侵染。在进行性病例中，淋巴结多表现为肿大，从而导致空气流通受阻，食道或血管堵塞；头、颈部淋巴结有时可见明显的破溃和淋巴液外渗。病牛日渐消瘦，贫血，哺乳期的母牛产奶量减少，部分病牛在感染晚期会出现极度消瘦和急性呼吸窘迫。

2. 其他类型结核病 患乳腺结核病的病牛初期会出现乳腺肿胀，之后在乳腺位置出现许多结节，乳汁将逐步出现混浊的凝乳块和絮状物，发病严重时乳腺将停止泌乳。肠结核病多见于犊牛，表现为消化不良，顽固性腹泻，迅速消瘦。病牛的粪便有腥臭味，大多混有脓汁或血液。

禽结核病常表现贫血、消瘦、鸡冠萎缩及产蛋停止等，病禽可因衰竭或肝变性破裂而突然死亡。鹿结核病症状与牛结核病的基本相同。猪结核病症状多表现为淋巴结核，最常发病部位为下颌、咽、颈及肠系膜淋巴结；肺、肝、肠、胃等有结核时主要表现消瘦、咳嗽、气喘等症状。肠道有病灶时则可能发生下痢。绵羊及山羊结核病常不表现明显的临床症状，往往在屠宰后才被发现，体内淋巴结可见结核病灶。

二、病理变化

感染器官和组织出现结核结节是牛结核病的典型症状，特别是肺脏。剖检肺脏常见很多突起的白色结节，呈粟粒大小至豌豆大小的灰白色，半透明状，较坚硬，多为散在，切开为干酪样坏死且切时有砂砾感。结核结节多出现在支气管、纵隔、咽后淋巴结和肺门淋巴结，而这些部位有可能是唯一受到感染的组织。此外，肺、肝、脾和体腔表面等部位也常出现结核结节。

结核结节通常表现为黄色，并呈现由干酪样坏死向钙化转化的发展状态，偶尔会出现脓性分泌物。干酪样坏死灶大小不一，小的肉眼无法识别，大的从粟粒大小至豌豆大小，半透明，灰白色，形似“珍珠”状，由不同厚度的纤维结缔组织包裹，包膜内有大量黄色豆腐渣样物质。

组织学检查显示，结核结节是一种增生性结核性肉芽肿，外表是一层由密集的淋巴细胞、上皮样细胞和成纤维细胞形成的包膜，其内有增生的淋巴细胞和多核巨细胞（朗罕氏细胞），再内层为坏死组织。

三、检疫

由于结核病具有慢性特征，因此在临床实际中很难观察到牛结核病典型的病理特征和发病过程。为了减少牛结核病对人的危害，国际上通用的牛结核病检疫方法是牛结核菌素皮内变态反应（tuberculin skin test，TST）或牛结核菌素/禽结核菌素比较皮内变态反应（tuberculin skin test，TST）。这是两种非常敏感的检测方法，适合于早期检测，检疫结果阳性即判断为牛结核病阳性。因此，检疫意义上的牛结核病阳性是指牛结核菌素皮内变态反应检测阳性。生物学意义是，被检牛感染牛分枝杆菌，但不意味着已出现典型临床症状和病理变化。其中《动物结核病检疫技术规范》（SN/T 1310—2011）列出的牛结核病检疫方法有皮内变态反应、细菌学检查、实时荧光 PCR、常规 PCR。

结核菌素是细菌在液体培养基中增殖时，分泌到培养基中的蛋白质混合物，简称为结核菌素试验（purified protein derivatives，PPD）。变态反应的基本原理是：将一定单位（一般为 20 000IU/mL）的牛结核菌素注射入皮内（一般为颈部皮肤），72h 后能引起皮皱厚增加 4mm 以上，或由牛结核菌素引起的皮皱厚增加较禽结核菌素（5 000IU）引起的多 4mm 以上，判断为牛结核病阳性。皮试反应虽然非常敏感，但特异性相对较低。环境分枝杆菌生长时，也能分泌一些类似蛋白。因此，如果牛体存在环境分枝杆菌或副结核分枝杆菌感染，检疫时就可能出现交叉反应而导致假阳性。

对于病死动物，应采集其淋巴结及病变组织器官（如肝、脾、肺等）作为细菌学检查的材料；对于怀疑有呼吸道结核、乳腺结核、泌尿生殖道结核、肠结核的活畜，相应采集其痰、乳、精液、子宫分泌物及尿和粪便作为细菌学检查的材料；对于皮内变态反应试验阳性但尸检无病理学变化的动物，应采集其下颌、咽后、支气管、肺（特别是肺门及肺门淋巴结）、纵隔及一些肠系膜的淋巴结作为细菌学检查的材料。样品应封装在无菌的洁净容器或样品袋内冷藏运送。如当天无法送达实验室，则应冷冻后运送。当无法提供冷冻条件时，可在病料中加入硼酸，使其终浓度为 0.5%，但样品保存时间不能超过 1 周。

第五节　诊断方法

目前，尚无有效的结核病疫苗和治疗药物，其防控策略主要为“检疫—扑杀”。因此，特异性强和敏感性好的诊断方法在结核病防控中起关键作用。因为大部分牛在发病早期并无临床症状，故无法凭临床症状诊断，实验室诊断就显得十分关键。

牛结核病临床诊断主要依靠核菌素皮内变态反应，临床诊断、病理学诊断、细菌学诊断和血液免疫学指标检测等都是皮内变态反应检测的辅助方法。所有活体检测方法（结核菌素皮内变态反应、临床诊断和血液免疫学检测）等都是间接诊断方法，准确度很难判断。细菌学检测可以作为金标准，但是灵敏度很低，且需要高级别的生物安全防护措施。病理学检测也较准确，但同样存在灵敏度低的情况，在病程早期不一定能观察到典型病理变化，且需要解剖动物。临床上综合利用多种方法可提高检测的灵敏度或特异性。

一、临床诊断

牛结核病通常为慢性经过，潜伏期为半月至数年，大多数情况下细菌以休眠状态潜伏于动物体内而不引起任何临床症状，表现为潜伏感染；有的动物在感染几个月甚至几年后才会出现明显的临床症状，发展为活动性结核。病原菌可以侵染几乎所有的组织和器官。患病器官不同，患畜所表现出来的症状亦有所不同。整体说来，患病动物表现为明显的食欲不振，顽固性腹泻以致逐渐消瘦；易疲劳；偶见明显波浪热，间歇性咳嗽，部分个体伴随淋巴结肿大。

1. 肺结核 最常见，以渐进性消瘦、长期顽固的干咳为主要症状，且以清晨最为明显。病初患牛易疲劳，食欲、反刍无明显变化，常出现短而干的咳嗽，当患牛起立、运动和吸入冷空气时易咳。随病情发展，咳嗽加重、频繁，并转为脓性湿咳，有时从鼻孔流出淡黄色的黏稠液体，并有腐臭味，咳嗽声音较弱。患牛咳嗽时表现痛苦，呼吸次数增加，严重时可见明显的呼吸急促，深而快，呼吸声似“拉风箱”，听诊肺区常有啰音或摩擦音，叩诊呈浊音。

2. 乳腺结核 一般先是乳腺淋巴结肿大，继而后方乳腺区发生局限性或弥散性硬结，硬结无热无痛，凸凹不平。患牛的泌乳量逐渐下降，初期乳汁无明显变化，后期病情严重时乳汁可变得稀薄如水，甚至含有凝乳絮片或脓汁。由于肿块形成和乳腺萎缩，因此两侧乳房变得不对称，乳头变形、位置异常，甚至破溃流脓，泌乳停止。

3. 肠结核 最主要的症状为消瘦，多见于犊牛，表现为腹痛、消瘦。初期持续腹泻与便秘交替出现，后期腹泻，粪便为粥样，常带血，并混杂脓汁和黏液。直肠检查可摸到肠黏膜上的小结节和边缘凹凸不平的坚硬肿块。重症病例表现为营养不良、贫血、咳嗽，有时可见体表淋巴结肿大等。

4. 淋巴结核 常为非独立病型。在各部位脏器结核病灶周围的淋巴结均有可能发生病变。常见于咽、颌、颈和腹股沟等部位淋巴结肿大并突出于体表，大小如鸡蛋，触摸坚硬。麻醉后穿刺可流出黄白色的油性脓汁，牛无热无痛。

5. 生殖器官结核 母牛性欲亢进，不断发情但屡配不孕，可发生于子宫、卵巢和输卵管，表现为性机能紊乱，导致流产。公牛发生于睾丸和附睾，一侧或两侧睾丸肿大，有硬结，以致睾丸萎缩。

6. 其他结核

（1）骨和关节结核 局部硬肿、变性。关节硬肿，有痛感、变性。病牛卧地不起。

（2）脑和脑膜结核　牛神经结核常表现为在脑和脑膜等部位发生干酪样或粟粒状结节，继而侵害中枢神经系统并引起各种神经症状，如癫痫样发作、眼球突出等；头向后仰或做转圈运动，有的头颈强直；行动偏向一侧，有的出现痉挛、运动障碍等。

二、病理学诊断

牛结核病又称“珍珠病”，该病最特征的病变为肺脏及其他被细菌侵害的组织器官形成白色的结核结节，最常发生部位为肺及肺门淋巴结、纵隔膜淋巴结；其次可见于肠系膜淋巴结、头颈部淋巴结，甚至全身。结节多呈圆形，大小不一，小的如针尖，大的如豌豆。多为灰白色或浅黄色、半透明状，边缘清晰，触之坚硬，多散在分布。切面为干酪样坏死或钙化，也可出现化脓灶，通过病理组织学检查可见到大量的牛分枝杆菌。有时坏死组织溶解和软化形成脓汁，脓汁排出后形成空洞。

取结节性病变组织，用10%中性福尔马林溶液固定，做成石蜡切片，用HE染色。光学显微镜下可观察到典型的结核结节，即由上皮样细胞、朗格汉斯多核巨细胞、淋巴细胞和少量反应性增生的成纤维细胞构成的特异性肉芽肿，外周被结缔组织膜包裹，与周围界限清晰，中央为坏死组织与细菌。

三、细菌学检测

细菌学检测方法主要包括涂片染色镜检法、细菌分离培养法等，主要检测病料中的致病性分枝杆菌。需采集牛结核病阳性牛的肺、肺门淋巴结、肝、脾等组织，重点采集与健康组织交接区域的有典型结核结节病变组织。将病料涂片后进行萋-尼二氏抗酸染色，光学显微镜检查组织中是否有抗酸性杆菌。如果组织内可见抗酸性杆菌，并有典型的结核结节，即可以做出初步判断。

如果牛体没有病变，则重点采集肺门淋巴结和纵隔淋巴结。组织样本用酸或碱处理并中和后，离心取沉淀接种于固体选择培养基和液体培养基（罗杰二氏培养基或改良罗杰二氏培养基）上，于37℃连续培养5～7周，见到黄色、菜花样的牛分枝杆菌疑似菌落生长时，进行抗酸染色、镜检证实。

尽管对牛分枝杆菌分离、培养是牛结核病诊断的金标准，且特异性非常好，但缺乏敏感性，即使是从结核菌素皮内变态反应呈阳性，但是剖检无典型结核结节的个体上采集的样本中分离、培养牛分枝杆菌也非常困难，分离率仅为5%～12%。对于有典型结核结节的感染个体，牛分枝杆菌的分离率非常高，可以达到90%。因此，对于无结核结节病变的牛体，牛分枝杆菌分离培养阴性并不能说明结核菌素皮内变态反应阳性或 IFN-γ 释放试验阳性是假阳性。在绝大多数发展中国家及发达国家，细菌培养只在特殊条件下进行，如开展菌株分型及耐药菌株的流行病学调查等。

尽管牛分枝杆菌分离培养的特异性比直接涂片的高，但是需要的时间长，且需要较高的生物安全措施。利用液体培养可以减少时间，然而经常被污染所困扰。加入抗生素可以改善这一状况。在 1977 年，有研究者提出了一个混有放射性 CO_2 和抗生素的液体培养方法，通过检测 CO_2 的放射性确定细菌的生长情况。该方法被广泛使用，但是使用成本很高。后来，在此之上进行了改进，采取不用放射性的物质仅仅检测 CO_2 浓度就能检测细菌生长，此改进方法被广泛使用。利用液体培养可以增加敏感性和缩短一部分诊断时间。在 1950—1970 年也曾用豚鼠接种试验来诊断结核病，但逐渐被更加有效的培养方法所代替。

（一）涂片染色镜检法

无菌采集肺、肺门淋巴结等病变组织或病变与健康组织交接区域，涂片，用萋-尼氏法染色，光镜下观察细菌形态。具体步骤如下：涂片，先在玻片上涂布一层薄甘油蛋白，然后在其上滴加处理好的样品，并涂布均匀。如被检样品为乳汁等含脂肪较多的材料，则在涂片制成后滴加二甲苯或乙醚，使其覆盖整个涂片，摇动 1～2 min 脱脂后倾去，再滴加 95%酒精，以除去二甲苯，待酒精挥发后即可染色。涂片经火焰固定后，滴加苯酚复红染色液，使其覆盖整个涂片。之后，将玻片置于火焰上加热至出现蒸汽但不产生气泡，从火焰上移开后继续染色 5 min。如热染过程中染色液干涸，则应适量补充。充分水洗后滴加 3 %盐酸酒精脱色 30～60 s，至无色素全部脱下为止。充分水洗，以骆氏美蓝染色液复染 1 min，水洗，吹干，镜检。

分枝杆菌为抗酸菌，因不被盐酸酒精脱色而被染成红色，而其他细菌与动物细胞可被盐酸酒精脱色被染成蓝色。在显微镜下，分枝杆菌呈细长平直或微弯曲的杆状，长 1.5～5μm、宽 0.2～0.5μm，在陈旧培养基或干酪性淋巴结内，偶尔可见长达 10μm 或更长的菌体。

涂片染色镜检法操作简便、快速，但是敏感性及特异性较差，只能检测出大于 10 000 CFU/mL 的菌群，并且有其他非典型结核分枝杆菌存在时检测结果会受到干扰。

（二）细菌分离培养法

细菌分离培养是对病牛分泌物或代谢物进行分离培养，通过观察细菌形态特征来判断是否是结核分枝杆菌的方法。*M. bovis* 分离培养法是结核病诊断的金标准，可检测仅含少量牛分枝杆菌的样品。此法特异性好，但敏感性差，对培养基的营养要求高，易被杂菌干扰，且10%～20%的结核分枝杆菌培养会失败，导致结核分枝杆菌的检出率低。同时*M. bovis*在固体培养基上的生长速度比较缓慢，通常需4～8周才出现可观察的菌落，之后需进行3周左右生化试验及3周左右的药敏试验，所以细菌分离培养法不适合在临床上广泛应用。国外用于研究的先进设备可进行结核分枝杆菌的快速培养，但是费用昂贵而且检出率低、敏感性差，不易推广应用。

1. 固体培养法　结核分枝杆菌的培养基从性状上可分为固体、固液双相、液体和半流体培养基等。

常用的固体培养基有罗氏培养基和丙酮酸钠培养基。罗氏培养基是传统的固体培养基，在实验室*M. bovis*的培养中应用较多，以鸡蛋为营养源，成分有甘油、马铃薯、无机盐和孔雀石绿等。但因甘油含量大于0.75%，故*M. bovis*的生长会受到抑制，刚分离出的*M. bovis*尤其明显，故常改用丙酮酸钠培养基培养*M. bovis*。丙酮酸钠培养基的主要成分与罗氏培养基类似，不同之处为用丙酮酸钠替换了罗氏培养基中的甘油。传统的固体培养基易制作，价格低，但慢速生长型菌株的生长时间可达2个月或更久。

2. 液体培养法　在液体培养基中，结核分枝杆菌接触的营养成分多，生长速度较快，几乎都生长在液体表面，搅动后下沉并大量聚集至管底。传统液体培养基的缺点有：在收集、采样和运输时应用不方便；无法用肉眼观察菌落形态；容易被污染，污染后肉眼无法将其与MTB进行区分；培养后需染色、镜检进行鉴定。随着液体培养基的改良和优化，现出现了操作简便、阳性率高、污染率低、耗时短及全自动化的液体培养系统，其优点为：第一，可全自动控制培养基的生长条件，及时监测并报告结核分枝杆菌的生长状况，人员对操作的主观影响较小；第二，液体培养基中的成分全面且均衡，有利于*M. bovis*生长。尽管有上述优点，但液体培养系统价格高，不可自己配制液体培养基，基层应用及推广受限。若可自主研发此类液体培养系统，降低试验成本，则可推广此法。

常见的结核分枝杆菌液体培养系统有BACTEC MGIT 960液体系统和BacT/ALERT 3D系统。BACTEC MGIT 960液体系统可连续监测培养管中荧光强度的变化，每隔60 min监测一次并判断是否有分枝杆菌生长。BacT/ALERT 3D系统能检测结核分枝杆菌生长过程中产生的CO_2，并自动监测液体系统培养瓶底中变色指示剂的颜色变化，判断是否存在结核分枝杆菌。

目前，国内实验室主要用涂片染色镜检法和细菌分离培养法。细菌分离培养法操作复杂、耗时、成本高，且检出率低，严重阻碍了结核病防控策略的实施。

四、免疫学诊断

免疫学诊断方法具有简单、快速、特异性高、敏感性强的特点，可实现自动化检测，大大提高了检测效率，在牛结核病诊断中具有广泛的应用前景。主要有结核菌素皮内变态反应、IFN-γ 检测方法、淋巴细胞增生试验、抗体检测法（如酶联免疫吸附试验 ELISA、免疫胶体金诊断）等。

（一）结核菌素皮内变态反应

结核菌素皮内变态反应又称皮试法，是 OIE 最早推荐用于牛结核病的检测方法，也是国际贸易的指定方法。

牛结核病的皮内变态反应诊断主要使用提纯的牛型结核菌素对牛进行皮内注射，单皮试法主要操作步骤是：在牛颈部上 1/3 处剃毛，皮内注射提纯牛结核菌素（即 PPD-B，通常为 2 000IU/头，约 0.1mL），由同一工作人员分别在注射前、后的 72h 仔细观察局部有无热痛、肿胀等炎性反应，并以卡尺测量皮皱厚度，做好详细记录，计算皮皱厚增加值。牛结核病皮试法的判定标准见表 2-8。

表 2-8　牛结核病皮试法判断标准

皮皱厚增加值（mm）	临床症状	结核病
$X<2$	未出现明显炎性水肿、渗出、破溃坏死等症状	—
$2\leqslant X<4$	注射部位未出现上述临床症状	疑似
$4\leqslant X$	出现明显临床症状或注射部位有上述炎性反应	+

注：对第一次检测为可疑的牛，则需要在 42d 后进行第二次皮试试验，当出现非阴性结果时则判定为阳性。

但是由于 PPD-B 与环境分枝杆菌、禽分枝杆菌有交叉抗原，因此当牛感染环境分枝杆菌时，皮内注射 PPD-B 也容易出现迟发型过敏反应，发生误判。为了减少干扰，OIE 现推荐比较皮试法，即在牛颈部两点间隔 12～15cm 分别注射提纯牛结核菌素（PPD-B）和提纯禽结核菌素（PPD-A），当（$\text{PPD-B}_{皮皱厚}-\text{PPD-A}_{皮皱厚}$）≥4mm 时判为阳性，当 2mm＜（$\text{PPD-B}_{皮皱厚}-\text{PPD-A}_{皮皱厚}$）＜4mm 时判为可疑，当（$\text{PPD-B}_{皮皱厚}-\text{PPD-A}_{皮皱厚}$）≤2mm 时判为阴性，以区分特异性变态反应和非特异性变态反应。

本方法能检测出副结核病感染前期的大部分发病动物，对于感染中后期及处于耐受期的动物敏感性不强或者不出现反应状态。虽然皮内变态反应存在明显不足，但由于该方法具有很高的敏感性，OIE 等国际组织和几乎所有国家仍采用这种方法作为法定方法，对牛进行检测并运用于牛结核病的根除计划，也取得了很好的成效。

（二）IFN-γ 检测方法

IFN-γ 试验在美国及许多欧盟国家和地区中已得到了承认，在美国、西班牙、澳大利亚等国家已完成田间试验，并且被新西兰和澳大利亚等国家官方认定为可行性试验。目前多个发达国家都将 IFN-γ 试验认定为继 PPD 之外唯一的法定活畜诊断试验，用该法确定皮试结果。

动物感染牛型结核分枝杆菌后的前期并不产生抗体，只有在临床症状阶段才产生抗体，所以使用血清学方法不能准确鉴定动物是否患有牛结核病。IFN-γ ELISA 检测方法则可以用于检测牛结核病的亚临床感染状态，其原理是动物感染病原后，循环淋巴细胞对病原致敏，致敏后的淋巴细胞遇到结核分枝杆菌抗原后会在体外模拟迟发型变态反应。发生迟发型变态反应后，致敏的淋巴细胞会释放出 IFN-γ。IFN-γ 可以用于 ELISA 方法进行检测，并且检测的含量与牛型结核分枝杆菌的含量呈正相关性。

该方法的主要操作步骤是：在奶牛尾静脉用肝素钠真空采血管进行无菌采血，6mL/头，轻轻颠倒混匀，室温下运送至实验室。采集的血液都在 8h 内进行刺激培养。将全血样品无菌分装至 24 孔板中，每份血样分装 3 孔，1.5mL/孔。向各孔中分别加入 100μL 无菌的 PBS、PPD-A、PPD-B，振荡混匀 1min。将含有血液与抗原的 24 孔板置于 37℃湿温培养箱中孵育 24h。次日从各培养孔中吸取 500μL 血浆上清液并转入 1.5mL 离心管中，即为刺激产生的 IFN-γ 上清液。－20℃冷冻保存，待皮内变态反应的阳性奶牛血样收齐后，进行 IFN-γ 体外释放检测试验。具体操作参照 IFN-γ 体外释放检测试剂盒说明书。结果判定标准：PPD-B 刺激上清液的 OD 值减去 PBS 刺激上清液的 OD 值大于等于 0.1，且 PPD-B 刺激上清液的 OD 值减去 PPD-A 刺激上清液的 OD 值大于等于 0.1，则判为阳性；PPD-B 刺激上清液的 OD 值减去 PBS 刺激上清液的 OD 值小于 0.1 或 PPD-B 刺激上清液的 OD 值减去 PPD-A 刺激上清液的 OD 值小于 0.1，则判为阴性。

该方法与结核菌素皮内变态反应相同，都是以 PPD-B 为刺激原，并不能有效区分牛分枝杆菌感染牛和 BCG 免疫动物。虽然 PPD-A 作为检测对照刺激原可以排除部分感染牛的禽分枝杆菌，而在牛分枝杆菌和禽分枝杆菌共感染的流行地区，PPD-B 与 PPD-A 刺激后的血浆样品中 IFN-γ 的含量均很高，而其差值很可能小于 0.1，容易导致牛结核病的漏检与误判。目前商品化试剂盒的检测临界值（cut off 值），主要是从西班牙、澳大利亚和新西兰的大规模临床试验的检测数据获得的。这些地区的牛结核病控制得较好，发病率比较低，因此与高发病率地区的 cut off 值可能不同。应用该试剂盒进行牛结核病诊断的地区，需要在地方范围内进行大规模的临床验证试验，以获得适宜该地区的 cut off 值。

为了提高检测的特异性，科研工作者以 RD1 区 CFPIO/ESAT6′蛋白或多肽作为刺激原，RD1 区基因仅存在于结核分枝杆菌复合群，在环境分枝杆菌、禽分枝杆菌及 BCG 中缺失，可以用于特异性诊断结核病阳性牛；抗原的生产过程中不需要接触毒力牛分枝杆菌，且重组蛋白或多肽抗原较 PPD 而言成分单一，易于生产和保持批次间稳定性，易于进行产品的质量控制。

该方法的优点是特异性强、敏感性好，可用于检测动物的亚临床感染状态；缺点是试剂盒价格昂贵，并且采集的动物血清必须经过前期刺激抗原的致敏处理，操作过程较为繁琐。另外，该方法需要在专业的实验室环境下操作，血样必须在 16h 内送至实验室进行检测，检测一头牛需要花费 100 元左右的人民币。费用较高使得很多发展中国家，包括中国在内，普通的养殖企业、养殖户与基层兽医防疫部门均难以承担。因此，需建立适合我国消费水平、价廉物美的实验室血液诊断方法。

（三）淋巴细胞增生试验

用特异性抗原（如 PPD、MPB70、MPB64 和 MPB59 等）刺激致敏的外周血淋巴细胞时，可使抗原特异性 T 淋巴细胞亚群发生增生反应。这种方法用来测定全血样品对结核菌素 PPD 抗原的细胞反应，需要用放射性核酸技术检测细胞增殖水平。因为该试验耗时较长，而且前期准备与试验操作都比较复杂，需要较长的孵育期和使用放射性核苷酸进行检测等，所以在常规的牛结核病诊断中并不被采用，主要用于珍贵动物的检测。

（四）抗体检测法

目前常用的结核抗体检测方法主要有酶联免疫吸附试验、免疫胶体金诊断、免疫印迹技术等。

1. 酶联免疫吸附试验 酶联免疫吸附试验（enzyme linked-immuno sorbent assay，ELISA）是结核抗体测定和研究报道最多的试验方法之一。1976 年，Nassau 等首先将 ELISA 方法应用于结核抗体的血清学检测。我国也于 1983 年起开展此项检测。ELISA 方法操作简便、检测时间短、成本低，适用于大范围结核病检测和野生动物结核病流行病学调查检测，有可能取代 PPD 试验与 CFT 试验用于样品的大规模初筛检测。ELISA 主要检测体液免疫情况，结核病病程的中后期主要为体液免疫反应。在疫区，牛一般处于疫病的中后期，ELISA 发挥的作用很大。ELISA 检测阳性者为活动性结核病，有的国家把PPD试验和ELISA试验联合起来检测结核病。ELISA除了可以单独使用外，还有联合试验。最早建立的PPD-B-ELISA试验方法特异性较低，种、属间共同抗原决定簇的体液免疫与此病相关性程度并未得到充分阐释，因此此法一直难取得实质性的进展。大量的分泌蛋白，如ESAT-6和MPB64等可在体外表达，并应用于诊断Ag，因此建立的PPD-B-ELISA和CFPIO-ELISA等间接ELISA方法特异性有所提高，但敏感性却降低。因为单一的一种抗原无法检测出所有的抗体，随着分子生物学技术的发展，联合多种抗原进行检测的“鸡尾酒”方法既保证了试验的敏感性又保证了试验的特异性，所以是一种比较理想的检测方法。

2. 免疫胶体金诊断　该方法以其简便快速、特异性强、敏感性高、肉眼可判读、试验结果易保存、无需特殊仪器设备和试剂等优点，被广泛应用于兽医临床疾病诊断和检验检疫中。免疫层析法在整个检测过程只需几分钟，而且检测试剂的制备更简单，稳定性也非常好。该方法是胶体金标记羊抗兔IgG抗体，检测动物结核病IgG抗体的银加强胶体金技术。用本法检测动物血清中抗牛结核分枝杆菌IgG抗体的可信度高，作为一种新的血清学诊断方法具有较好的推广价值。

3. 免疫印迹技术　该技术是Southem等于1975年建立的一种特异性抗原、抗体检测技术，是高分离的十二烷基磺酸钠-聚丙烯酰胺凝胶电泳（SDS-PAGE）技术与高敏感性的酶联免疫技术相结合的产物。免疫印迹试验的敏感性和特异性很高，结果具有很高的参考价值，现今已广泛用于科研。1986年，Coates等首先将免疫印迹技术用于结核病患者的血清抗体检测，结果表明本法对活动性结核病患者的诊断具有很高的价值。但是由于该法使用繁琐，对试验技术人员要求高，因此临床常规检测中的应用受到了限制。

假阳性和假阴性结果的出现是结核抗体检测中存在的主要问题之一。选用的测定方法、使用的试剂或抗原、抗体不同，加上观察对象的病情差异等，导致测定结果差异较大，并且缺乏可比性。假阳性的发生主要是受试验过程中因素的影响，可能是：①共同抗原所致的交叉反应；②试验操作不当；③试剂质量低劣；④结核分枝杆菌隐性感染等。假阴性结果发生的可能因素有：①机体所致；②特异性免疫复合物的形成；③方法方面的因素所致；④试剂质量和操作因素。

针对上述问题，目前应加强以下内容的研究：①着重于结核分枝杆菌抗原的分析和提纯；②加强对机体抗结核免疫应答的研究；③加强测定方法的研究；④建立质量控制体系。

五、分子生物学诊断

分子生物学技术已广泛应用于各种细菌、病毒的检测。在结核病的诊断中，分子生物学方法有操作简便、耗时短、敏感性强，以及可用于分枝杆菌的分类鉴定和精确定型等优点，主要有PCR法、核酸探针检测法、DNA指纹图谱技术、基因芯片技术、全基因组测序法等。

（一）PCR法

1. 基本原理 聚合酶链式反应（polymerase chain reaction，PCR）技术，自1983年发明以来，显示出了灵敏度高、特异性强、检测快速等优点，是诊断牛分枝杆菌优良的方法之一。1989年国外学者Hance等首次将PCR方法用于结核分枝杆菌的检测，1990年我国引进了该技术，自此我国开始了以PCR为代表的分子生物学技术检测结核分枝杆菌的阶段。

PCR是基因的体外扩增法，其特异性依赖于与靶序列两端互补的寡核苷酸引物，可以快速、特异地扩增任意已知目的序列或者DNA片段。利用PCR技术扩增结核分枝杆菌的DNA片段是检测结核病的一种快速、敏感的方法。并由此发展到牛奶样本的检测，为诊断牛结核病和研究其流行病学提供了新的方法。但是这种方法不仅对专业人员的技术要求较高，而且扩增子气溶胶污染可导致假阳性，标本中抑制物质的存在可导致假阴性，试剂盒缺乏规范化、标准化是影响结果可信性的关键。PCR方法的特别之处在于可快速检测微量结核分枝杆菌的DNA，主要用来确诊屠宰场通过大体病变检测出的病牛或者牛奶样本中检测出的牛结核分枝杆菌。目前，结核病分子流行病学诊断的核心为PCR技术与分枝杆菌种的鉴定相结合。具体步骤如下：

（1）从样本中提取DNA，然后将其作为模板进行目的序列扩增，将PCR产物进行回收、纯化、定量，最后进行序列测定（表2-9）。

表2-9 牛分枝杆菌PCR扩增

引物名称	扩增引物	反应条件
MBF	上游引物：5′-ACGCGACGACCTCATATTCC-3′	第一步，94℃ 3 min； 第二步，94℃ 20 s、60℃ 20 s、72℃ 30 s，35个循环；
MBR	下游引物：5′-CACCCAGAAGGCGAACAGAT-3′	第三步，72℃ 1 min

（2）电泳检测PCR扩增产物，对于牛分枝杆菌单重或二重PCR检测，若样本呈现406 bp的特异扩增产物，则判定为牛分枝杆菌阳性。

2. 实时定量PCR技术检测法 传统的细菌培养和分子检测方法需要几个

星期才能给出诊断结果，耗时长。Parra 等（2008）研究了一种新的方法，即利用实时定量 PCR 技术对牛的生物样本进行快速检测，可以区别不同的结核分枝杆菌及非典型结核分枝杆菌等，其敏感性和特异性都很高。

实时荧光定量 PCR 作为分子生物学的试验手段，已广泛应用于医学临床，其定量范围极宽，不需要梯度稀释，特异性和敏感性更强，操作更快速、简便、安全。目前，也可用于结核分枝杆菌的检测，并且检测结果在结核病的临床诊治中是一项非常重要的参考指标。严子禾等（2006）采用磁珠吸附法提取血浆（或血清）游离 DNA，通过实时荧光定量 PCR 扩增 MTB DNA，并采用标准曲线方法对其进行定量。结果显示，所有对照组样本检测结果均为阴性，显示了 100%的检测特异性；另外，通过血浆（或血清）MTB DNA 和痰涂片联合检测，可提高结核病诊断的敏感性。具体步骤包括：样本 RNA 抽提、RNA 质量检测、样品 cDNA 合成、梯度稀释的标准品及待测样品的管家基因（*β-actin*）实时定量 PCR、制备用于绘制梯度稀释标准曲线的 DNA 模板、待测样品的待测基因实时定量 PCR（表 2-10）。

表 2-10 牛分枝杆菌荧光定量 PCR 扩增

扩增引物	反应条件
上游引物：CSB1，5'-ACGCCTTCCTAACCAGAATTG-3'	第一阶段：50℃ 2 min，95℃ 4 min，1 个循环；
下游引物：CSB2，5'-GGCTATTGACCAGCTAAGATATCC-3' 探 针[a]：5'-FAM-AATTCATACAAGCCGTAGTCGTGCAGAA 3'- BHQ-1	第二阶段：95℃ 10 s，60℃ 45 s，40 个循环，荧光收集设置在 60℃退火延伸时进行

注：[a]探针 5'端标记的报告荧光基团及 3'端标记的淬灭基团可根据荧光 PCR 仪设备等具体情况另行选定。

在质量控制有效的条件下进行结果判定。当检测结果无 *Ct* 值、无扩增曲线或反应曲线无明显对数增长期时，则判为荧光 PCR 阴性反应；当检测结果的 *Ct* 值≤35 且扩增曲线有明显的对数增长期时，则判为荧光 PCR 阳性反应；对于 35<*Ct* 值≤40 的样本，应重新取样进行重复检测；如果重复检测的 *Ct* 值<40，且曲线有明显的对数增长期，则判为阳性反应，否则判为荧光 PCR 阴性反应。必要时，对初次检测呈荧光 PCR 阳性反应的样本进行重复检测。

3. 多重 PCR 技术 由于结核分枝杆菌生长速度缓慢，经痰培养再做药物敏感性试验一般需要 3～4 周，因此对耐药结核病患者不能提供及时、有效的治疗指导。常规的 PCR-SSCP 法虽然简便、快速，但是不断出现的耐药基因使得所需检测的基因数量越来越多，因此逐个进行检测比较繁琐。多重 PCR-SSCP 是在常规 PCR 技术的基础上改进和发展起来的，可在同一 PCR 反应体系内加入多对特异性引物，能一次扩增多个 DNA 片段，在快速、敏感、简便、准确的同时可筛查多个样本基因突变，有广阔的应用前景，有望成为临床指导用药的好方法。

（二）核酸探针检测法

核酸探针技术（DNA probe）主要用来测定结核分枝杆菌同源性序列的标记核酸片断或序列，在结核分枝杆菌的分子生物学研究尤其是细菌分类与鉴定、流行病学调查等方面有十分重要的作用。目前已研制出了商业化的核酸探针试剂盒，但是仅限于一些重要的分枝杆菌的临床鉴定。此检测法快速、敏感、特异，但是灵敏度有待提高，而且不能对临床样本进行直接检测，需要与其他检测技术联合使用。分枝杆菌种类繁多，而目前使用的 DNA 探针只应用于少数几种分枝杆菌的检测，因此需要设计更多种类分枝杆菌的 DNA 探针。该项技术操作比较复杂，需要专门的仪器设备，因此其在临床中的使用受到了限制。

DNA 核酸探针是指带有标记物的已知序列的核酸片段，能和与其互补的核酸序列杂交，形成双链，所以可用于核酸样本中特定基因序列的检测。每一种病原体作为抗原时都具有独特的核酸片段，通过分离和在片段上标记这些片段就可制备出探针，用于疾病诊断等的研究。Gormley 等（1997）将结核分枝杆菌基因组上一段长度为 165 bp 的 DNA 片段用于放射性元素标记并将其作为探针，提取待测菌株的 DNA，经限制性内切酶 *Eco*R Ⅰ 消化，southern blotting 后与探针进行杂交，能够从混合样品中一次检出多种致病或非致病分枝杆菌。Kirschner 等（1996）以 PCR 试验为基础，利用一系列的扩增产物杂交反应和特异性探针进行种间区分，特异性为 99.5%，敏感性达到 84.5%。目前，核酸探针法可同时检测 13 种分枝杆菌。例如，对除痰标本之外的组织标本进行处理，如骨髓、软组织和脑脊液等，都可扩增出目标条带，同时检测到了 13 种分枝杆菌。

（三）DNA 指纹图谱技术

DNA 指纹图谱技术采用特殊的技术将结核分枝杆菌的基因组 DNA 切割成大小不同的片段，经电泳分离后可以清楚地看到像人指纹一样具有特征性的条带，这就是结核分枝杆菌的 DNA 指纹。建立结核分枝杆菌 DNA 指纹的主要技术有：限制性片段长度多态性分析（RFLP）、PCR 方法等。RFLP 方法稳定、特异，是目前结核分枝杆菌菌株水平鉴定的主要方法；PCR 法虽然简单、快速，但特异性和稳定性却不及 RFLP 方法，只能作为 RFLP 方法的补充。仅依靠琼脂糖凝胶电泳很难辨别众多带谱，这也限制了 DNA 指纹图谱法在临床上的应用。结核病鉴定中可鉴定菌株的指纹图谱有 IS6110DNA 指纹图谱，但此技术不利于大规模应用，需对 DNA 指纹图谱的标准方法进一步推广，改善试验条件。

（四）基因芯片技术

基因芯片技术是将结核分枝杆菌中保守的 DNA 片段分段固定在芯片上，通过与结核分枝杆菌 DNA 杂交，达到检测结核分枝杆菌的目的。由于设计的集成化、微型化还有操作的并行性易于高通量检测，因此使得对数千个基因的表达情况进行同时分析或基因检测成为可能。此法具有高效率、微型化、污染低等优点，主要用于耐药性药物筛查、基因测序、基因突变测定等，可鉴定菌种并对其耐药性进行分析。

（五）全基因组测序法

近年来，全基因组测序法（whole genome sequencing，WGS）已成为包括结核分枝杆菌在内的病原体监测、疫情调查和耐药性监测的强有力工具。WGS 可以检测流行病学调查遗漏的传播事件，区分复发、再感染或混合感染，明确分离菌株的耐药谱，以及发现新的耐药靶点。

WGS 用于流行病学调查有着独特的优势，能够识别单核苷酸多态性差异，包括 SNPs 和小的插入与缺失，比其他常规分型方法（spoligotyping、VNTR、MILUs、RFLP）具有更高的辨别力。应用 WGS 对从明尼苏达州西北部 BTB 流行地的肉牛和白尾鹿中分离的牛分枝杆菌菌株进行分析，结果 WGS 能区分 spoligotyping 和 VNTR 难以区别的 BTB 分离菌株，明确了该病的流行病学及在牛和鹿之间的传播途径。利用 WGS 检测北爱尔兰 BTB 的传播，结果表明獾和邻近的家畜携带有极相似的牛分枝杆菌菌株，发生了多个种间传播事件。

（六）其他诊断技术

20 世纪 60 年代荧光偏振免疫分析方法（fluorescence polarization assay，FPA）开始发展，并用于人体内毒物含量和治疗药物的测定。Bongo 等（2009）研究发现，荧光偏振免疫分析方法的特异性高于颈部比较皮内变态反应试验（single intradermal com-parative cervical tuberculin test，SICCT）。斑点免疫金银试验是检测牛结核病血清抗体的方法，具有较好的特异性。此外，还有对菌体成分的检测技术、细胞因子及细胞因子受体检测法等。

第六节　综合防控

一、发达国家防控牛结核病的策略

从发达国家牛结核病防控的历史和现状看，尽管牛结核病的根除非常困难，但该目标还是可以实现的。消灭或根除某传染病可以从以下四个方面理解：

第一，表示一种传染性病原体的完全消灭或根除。只要自然界任何一个地方还有这个病原体，消灭状态就没有达到。完全从自然界消灭一种病原体很难，目前世界上只消灭了 2 种传染病，即人类的天花和牛的牛瘟。

第二，表示某种传染性病原体的地区性消灭或根除。一般所说的消灭疫病，基本上属于这一种。我国消灭了牛肺疫，是世界上第 7 个消灭牛肺疫的国家。对于牛结核病来说，澳大利亚已宣布消灭了牛结核病。

第三，表示在特定地区某种传染病的患病率已降低到不足以发生传播的水平。丹麦、比利时、挪威、德国、荷兰、瑞典、芬兰、卢森堡等国家的牛结核病已达到了控制状态。

第四，表示在特定地区某种传染病的患病率已降低到很低水平，不再是动物保健的主要问题，但是疾病仍有可能发生一些传播。美国、加拿大、新西兰、法国、日本、韩国等应该属于该状态，野生动物是传播疾病的主要风险。

虽然各发达国家控制牛结核病的具体措施有差异，效果各异，但基本策略相同，可概括为“检疫、扑杀、监测、移动控制”。

已控制或消灭牛结核病的国家见表 2-11。

表 2-11　已控制或消灭牛结核病的国家

洲或地区	消灭牛结核病的国家	控制牛结核病的国家
亚洲	—	日本
欧洲	丹麦、比利时、挪威、荷兰、瑞典、芬兰、卢森堡	英国、法国
北美洲	—	美国、加拿大
拉丁美洲和加勒比海	—	—
非洲	—	—
大洋洲	澳大利亚	—

（一）制订切实可行的牛结核病控制和根除计划

20 世纪初，欧美国家的牛结核病感染率很高，10%以上的人结核病例被证实由牛种分枝杆菌引起，贸易加剧了牛结核病的传播，引起了农场主和政府的高度关注。为了保障公共健康、控制牛结核病、促进贸易，政府决定执行牛结核病根除计划，并以消灭牛结核病为最终目标，农场主积极响应。尽管根除计划的基本方法是检疫和扑杀，但在检疫方法和扑杀措施上都结合了各国的具体情况，充分考虑了计划的可操作性，并通过不断评价实施效果来修正计划的不合理之处。在检疫方法上，不断改进检疫方法，除了使用 SICT、SICCT 外，还普遍用 IFN-γ 试验进行检测。此外，牛结核病抗体 ELISA 的检测法也得到了应用。

（二）建立健全保障体系

一个疾病根除计划的实施是一项系统工程，必须有人、财、物的保障，包括法律法规队伍（专家咨询队伍、技术实施队伍）、机构（领导机构、实施机构）、经费（防疫工作、强制扑杀补偿、监测、流行病学调查、消毒等经费）、物资、移动控制等保障体系，而法律保障体系是所有保障措施实施的根本。

通过立法统一根除计划的实施程序与方法，明确无规定疫病的标准，对牛群实行身份注册，建立健全可追溯体系，有效控制牛群移动，制定合理的赔偿制度，以在中央、地方财政与养殖者之间合理分配疫病控制成本，并强制执行，是各国成功控制或消灭传染病的共同经验。欧盟地区在 1964 年发布了第一个与牛结核病根除计划有关的法令，即 Council Directive 64/432/EEC，之后经多次修改，规定了官方无结核病牛群（officially tuberculosisi free，OTF）牛群标准及牛结核病根除财务预算、财政补偿方案等。这些法规促使各成员国和养殖业主积极参加牛结核病的根除计划，丹麦（1980）、荷兰（1995）、德国和卢森堡（1997）、奥地利（1999）、法国（2001）、比利时（2003）、芬兰和瑞典（1995）、捷克（2004）等相继获得了欧盟的 OTF 认可。

（三）持续实施牛结核病控制和根除计划

疾病控制和根除从时间上来说是一个循序渐进的过程，如包括疫病普查、免疫降低感染率、感染群清群、目标群监测、无感染群、无持续感染、保持无感染群、疫病扑灭等不同阶段；从空间上来说是一个扩大的过程，先在局部地区达到具体疫病控制或消灭的目标，最终在全国范围内达到无规定疫病状态，这是欧盟地区及美国、澳大利亚的成功经验。欧盟地区的基本做法是：疫情得到控制或扑灭的省/州/成员国将获得官方颁发的“无规定动物疫病证书”，严格推行区域化管理和市场限制制度以防止再度感染，即无疫病地区可自由进行相应动物和动物产品的交易，而未控制疫情地区的动物和动物产品禁止进入无疫病地区。在计划执行早期，由于少数局部无疫病地区受到周围疫病流行区的威胁，重新暴发疫病的风险极大，因此持续监测和限制动物及其产品的市场移动对维持该地区的无疫病状态非常重要。

由于宿主范围广泛、感染与发病过程缓慢、无疫苗、无快速高通量的检测方法，以及受限于政府财力等，因此实施牛结核病的根除计划更是一个漫长的过程，政府、兽医和民众对根除计划长期保持信心与热情尤其重要。

欧盟成员国的牛结核病根除计划实施了半个多世纪，许多成员国相继获得了欧盟的 OTF 认可。英国自 1950 年开始在全国正式实施牛结核病根除计划，但由獾等野生动物感染与传播而导致的牛结核病至今未被根除，目前每年约花费7 400万英镑进行牛结核病监测。

澳大利亚自 1970 年开始全面实施牛结核病根除计划，依赖“检测和扑杀”方法，结合屠宰场疾病监测和来源跟踪等重要措施，历时 27 年终于在 1997 年 12 月根除了牛结核病。虽然在计划实施中也曾多次质疑牛结核病根除的可能性，但最终选择了坚持，并获得了成功。

（四）重视新技术的开发与应用

在“检疫—扑杀”政策实施过程中，准确检测牛结核病是根除牛结核病的前提和难题。这首先需要一种实用、精确、快速、高通量的监测方法。各个国家在主要使用皮试检测法的同时，积极研发、利用新型技术和手段，如美国、加拿大、澳大利亚、新西兰及欧盟的多个国家和地区等均利用了 IFN-γ 体外释放检测法作为皮试检测的辅助手段或替代手段。

结核菌素皮内变态反应是各个国家牛结核病的法定检测方法，已使用了 100 多年，具有灵敏、简单和价廉的特点，具体操作时有尾褶结核菌素皮试检测（the caudal fold test，CFT）、颈中部皮内检测（the mid cervical intradermal test，CIT）、颈部比较检测（comparative cervical test，CCT）、颈部比较皮内变态反应试验（single intradermal comparative cervical tuberculin，SICCT）等方法。皮内变态反应是目前 OIE 推荐的牛结核病诊断方法，也是各个国家用于牛结核病检疫的基本方法。但皮内变态反应的特异性受其他非致病性分枝杆菌的影响，操作复杂，结果判断的主观性强，不适合于对野生动物进行检测。CFT 的灵敏度与特异性分别为 68%～96.8%和 96%～98.8%，CIT 的灵敏度与特异性分别为 80%～91%和 75.5%～96.80%，CCT 的灵敏度与特异性分别为 55.1%～93.5%和 88.8%～100%。欧美发达国家一般以 SICCT 作为牛结核病活畜检疫的确认试验，利用 IFN-γ 体外释放检测等实验室方法作为辅助检测方法。

牛结核病 IFN-γ 体外释放检测法于 20 世纪 80 年代后期研发成功。1991 年，澳大利亚政府批准该方法为官方使用方法。由于当时澳大利亚已处于牛结核病根除计划后期（1997 年宣布根除牛结核病），国内牛结核病病例已很少，且零星病例的诊断离实验室很远，因此该方法在澳大利亚牛结核病的根除计划中起的作用并不大。然而，由于该方法省时省力，可实现高通量检测，可回顾性分析样本，因此在其他国家的牛结核病控制中发挥了重要作用。随后，新西兰也将该方法确定为牛结核病的官方检测方法。除澳大利亚和新西兰外，该方法在埃塞俄比亚、英国、北爱尔兰、意大利、西班牙、美国、加拿大等国也被批准为官方使用方法，在牛结核病检测中得到了广泛应用，检测灵敏度为 87.6%（73.0%～100%），特异性为 96.6%（85.0%～99.6%）。我国也已成功研制了类似试剂盒。

病理学诊断与细菌性诊断也可作为牛结核病的辅助诊断方法，但只对扑杀后动物的确诊有意义。

结核分枝杆菌抗体快速诊断方法可用于动物结核病的初筛。由于感染动物体内的抗体水平与病程呈正相关，因此在政府无力全面淘汰所有结核病感染动物的情况下，及时淘汰抗体阳性牛具有重要意义。韩国、美国和中国等国已经陆续上市了牛结核杆菌抗体快速检测试纸条。此外，地理信息系统或地球定位系统被用于结核病流行病学的监控与追溯。

（五）疫苗免疫

结核病疫苗的研究主要是医学领域，研究者们试图研制出一种替代 BCG 的更优疫苗用于人结核病的预防。在过去的 100 年里，唯一实际应用的疫苗仍然是卡介苗（BCG）。近年来，随着基因技术的进步，学者们尝试从多种途径研发新型疫苗。常用的研发途径有 3 种：一是对卡介苗进行改进，包括重组卡介苗或者对野毒株进行改进，以开发出新的疫苗；二是使用病毒载体或结核免疫原性蛋白质，加上必要的佐剂；三是开发治疗性疫苗，以减少结核病治疗的持续时间。目前，进入临床试验的新型疫苗共有 15 种，另外还有 2 种临床试验终止疫苗。

1. 研究思路　BCG 是 WHO 唯一认可的人用结核病疫苗，在世界范围内被广泛应用。但 BCG 在临床上的免疫保护效果争议较大，与接种人群所在地区、免疫抑制程度和年龄有关。目前国内外已开展一系列有关结核病新型疫苗的研究，主要有如下研究思路：

（1）改造 BCG 获得免疫增强型重组 rBCG，以增加其免疫保护效果；或进一步致弱 BCG，也适应艾滋病患者等免疫缺陷人群的免疫需要。

（2）以结核分枝杆菌强毒力株为出发菌株，重新构建基因缺失致弱菌株。由于菌株与感染人的优势菌株同源，因此期望获得较 BCG 更好的免疫保护效果。构建基因缺失致弱菌株的关键点是在缺失毒力基因的同时，保持良好的免疫原性。然而，目前已报道的这类重组菌株中，大部分重组菌的免疫保护性都未超过 BCG。

（3）表达相关免疫保护性蛋白，制备重组蛋白的亚单位疫苗，用于 BCG 初免后的加强免疫。

（4）构建包括单一抗原或多种抗原基因组成的 DNA 疫苗及表位 DNA 疫苗等，但 DNA 疫苗的安全性评价较难通过，临床应用较难。

2. 免疫策略 从免疫保护的效果来看，新型疫苗的研发应遵循以下 4 个免疫策略：

（1）*感染前免疫策略* 出生后尽快接种，让疫苗接种发生在分枝杆菌感染之前。

（2）*预防性加强免疫策略* 开发一种新型结核病疫苗，在新生儿初免 BCG 后的适当时期进行加强免疫。

（3）*感染后免疫策略* 开发新型疫苗可以增强免疫力或诱导 BCG 的再次免疫反应，防止感染者发生结核病。这是一个非常值得期待的免疫策略，因为全球有 20 亿以上的人感染了结核分枝杆菌，具有发生结核病的风险。

（4）*治疗性疫苗* 这种疫苗和药物治疗联合使用将缩短治疗期，减少复发率，对多种耐药病例尤其重要。

由于牛结核病疫苗会对 PPD 形成干扰，造成假阳性，因此现在全球都禁止使用其来免疫牛。WHO 也不赞同使用疫苗免疫牛，但很多学者仍然进行了大量的牛结核病疫苗研究。

在过去的 20 年中，牛结核病疫苗研究取得了一些重要进展，主要集中在减毒分枝杆菌菌株、DNA 疫苗、亚单位疫苗（如培养滤液蛋白、MPB70）研发和免疫策略研究上。对于 DNA 和亚单位疫苗中不同免疫调节剂（如脂肽、CpG、菌落刺激因子等）的应用，也进行了广泛研究。某些 DNA、亚单位疫苗可明显增强 BCG 的免疫效果，但单独使用时其效果均弱于 BCG。因此，当前可以进行田间应用的免疫策略是单独使用 BCG，或者使用 BCG 初免、新型疫苗加强免疫的免疫策略。试验已经证实，腺病毒载体 Ag85A 疫苗，在攻毒试验中可以保护大部分牛免于形成结核病病变。

但牛结核病疫苗的应用面临着科学和法律法规的挑战：一是必须要有适当的鉴别诊断试剂，因为 BCG 会干扰正常的 PPD；二是欧盟国家禁止免疫牛，必须要改变这些法律法规；三是疫苗需要更多的安全性试验，以说服决策者接受使用疫苗的建议。为此，欧盟开展了结核病阶梯项目（TBSTEP），其主要目标是研究根除牛结核病的适当策略。项目组由多领域的成员组成，包括研发疫苗和诊断试剂的小组，其目标为：①测试新型重组腺病毒疫苗（表达 TB 多重抗原），用于 BCG 初免及病毒载体疫苗加强免疫的策略；②研发 DIVA（鉴别诊断）试剂，以鉴别疫苗和野毒感染。此外，欧盟食品安全局于2013年向欧盟委员会提出建议，要求开展牛结核病疫苗的田间试验。同时，鉴于BCG Danish 1331是欧盟唯一的官方许可疫苗菌株，APHA向英国兽医卫生主管机构提供了一系列资料，包括该疫苗的安全性和应用数据，以获得该疫苗作为牛结核病疫苗的兽用许可，同时申请开展田间试验。

增强BCG免疫效果的方法有两个：一个是初免时扩大或加强免疫；另一个是在免疫效应降低时加强免疫。新西兰研究者认为，小牛在出生6周后用BCG加强免疫，反而会影响初免时BCG的保护力。目前最成功的免疫策略是利用Ag85A病毒载体疫苗加强免疫。APHA在过去6年的试验中发现，BCG-病毒载体疫苗的免疫策略始终表现出强化BCG效果的效应，如比BCG免疫更少的可见病变动物和病理变化，且这种效应与人医疫苗的研究成果一致。因此，针对牛结核病，最有效的免疫策略是用BCG初免，用新型疫苗加强免疫。

（六）对不同区域开展结核病分区管理及相关认证工作

美国将全国划分为5个区域，分别为验收清净区域、先进改良验收区域、改良验收区域、预备验收区域和非验收区域，不同区域实行不同的检疫程序和家畜流动控制政策。澳大利亚对“无疫区”“暂时无疫区”等地区状况和“疑似”“感染”等畜群状况进行了规定，并制定了不同地区间的迁移标准。英国根据不同地区牛结核病的感染情况，确定了牛结核病检疫的不同间隔时间。

二、我国防控牛结核病的策略

（一）牛结核病防控地位与目标

牛结核病在我国是二类动物疫病和重大人兽共患病，自中华人民共和国成立以来就一直是强制检疫的对象。

在2012年5月发布的《国家中长期动物疫病防治规划（2012—2020年）》（以下简称《规划》）中，我国将奶牛结核病列为优先防治的16种动物疫病之一。

在2016年7月，农业部、财政部决定从2017年开始调整完善重大动物疫病防控支持政策，发布《关于调整完善动物疫病防控支持政策通知》（农医发〔2016〕35号），将结核病强制扑杀的畜种范围由奶牛扩大到所有牛和羊。

为保障公共卫生安全，适应动物疫病防治的与时俱进，农业部于2017年7月发布了《国家奶牛结核病防治指导意见（2017—2020年）》，对奶牛结核病的防治目标、思路、措施作了新的调整。

以上3个文件涉及的主要内容及指标要求见表2-12。

表 2-12　我国有关牛结核病防控的文件

文件	主要内容	指标要求
《国家中长期动物疫病防治规划（2012—2020年）》	到2020年，北京、天津、上海、江苏4个省（直辖市）维持净化标准；浙江、山东、广东3个省达到净化标准；其余区域达到控制标准	采取检疫扑杀、风险评估、移动控制相结合的综合防治措施，强化奶牛健康管理
《国家奶牛结核病防治指导意见（2017—2020年）》	到2020年，北京、天津、上海、江苏、浙江、山东、广东7个省（直辖市）达到净化标准，其余区域达到控制标准	完善生物安全体系，落实监测净化、检疫监管、无害化处理、应急处置，开展场群和区域净化等防控措施
《关于调整完善动物疫病防控支持政策通知》（农医发〔2016〕35号）	结核病强制扑杀的畜种范围由奶牛扩大到所有牛和羊	中央财政的补贴标准：猪800元/头、奶牛6 000元/头、肉牛3 000元/头、羊500元/只、禽15元/羽、马12 000/匹，对东、中、西部地区的补助比例为40%、60%、80%

注：1. 控制标准，指6周龄以上的奶牛每年抽样检测2次，连续2年个体阳性率小于3%，阳性动物已扑杀；

2. 净化标准，指6周龄以上的奶牛每年抽样检测2次，连续2年个体阳性率小于0.1%，阳性动物已扑杀。

（二）OIE牛结核病净化标准

按照OIE的标准，无牛结核病状态（official tuberculosis free，OTF）的标准如下：

1. 国家或地区无牛结核病的标准　连续3年定期和周期性检测所有黄牛、水牛和森林野牛，群阴性率在99.8%以上，头阴性率在99.9%以上。

2. 小区无牛结核病的标准

（1）最近连续3年以上检查所有种类生前与死后的牛，均无牛结核病临床症状和病理变化。

（2）6月龄犊牛第一次皮试检疫，相距6个月以上两次检疫均为阴性，第一次检测距最后一头感染牛扑杀后6个月以上。

（3）符合以下条件之一

①在近2年内该国家或地区，牛群每年的结核病群阳性率在1%以上时，每年2次皮试检疫，均为阴性；

②在近2年内该国家或地区，牛群每年的结核病群阳性率在0.2%～1%时，每年1次皮试检疫，均为阴性；

③在近4年内该国家或地区，牛群每年的结核病群阳性率在0.2%以下时，每3年1次皮试检疫，均为阴性；

④在近 6 年内该国家或地区，牛群每年的结核病群阳性率在 0.1%以下时，每 4 年 1 次皮试检疫，均为阴性。

3. 牛群无结核病标准

（1）连续 1 年以上，生前和死后检查都无临床症状及病理变化；

（2）6 月龄犊牛第一次皮试检疫，相距 6 个月以上两次检疫均为阴性，第一次检测距最后一头感染牛扑杀后 6 个月以上；

（3）维持无疫状态，还需满足下列条件之一：

①每年 1 次皮试检疫，均为阴性；

②在近 2 年内该国家或地区，牛群每年的结核病群阳性率在 1%以下时，每 2 年 1 次皮试检疫，均为阴性；

③在近 4 年内该国家或地区，牛群每年的结核病群阳性率在 0.2%以下时，每 3 年 1 次皮试检疫，均为阴性；

④在近 6 年内该国家或地区，牛群每年的结核病群阳性率在 0.1%以下时，每 4 年 1 次皮试检疫，均为阴性。

OIE 对国家或地区无牛结核病状态认证的完整标准有 6 条，分别是：①牛结核病感染是必须通报的疾病，包括圈养或散养的牛、水牛和野牛；②正在执行一个公众认知计划，鼓励报告所有牛结核病可疑病例；③连续 3 年定期检查所有黄牛、水牛和野牛的结核病感染，99.8%的牛群应为阴性，99.9%的牛群应为阴性；④应有一个监测计划，生前与死后检查监测牛结核病；⑤如果实施上述③④监测计划连续 5 年未检测到牛结核病感染，生前与死后检查的牛结核病监测计划还应该坚持；⑥如果牛（黄牛、水牛和野牛）被引入无牛结核病的国家时，必须出具官方兽医开具的表明牛群来自无牛结核病国家或地区的证明，或出示符合相关法规的官方证明。

（三）我国牛结核病控制和净化标准

1. 牛结核病净化标准　按照我国《国家中长期动物疫病防治规划目标（2012—2020 年）》《国家奶牛结核病防治指导意见（2017—2020 年）》《牛结核病防治技术规范》《关于调整完善动物疫病防控支持政策通知》（农医发〔2016〕35 号），牛结核病净化群（场）的净化标准如下。

（1）污染牛群的处理应用牛分枝杆菌 PPD 皮内变态反应试验对该牛群进行反复监测，每次间隔 3 个月，发现阳性牛及时扑杀。连续 3 次监测均为阴性反应的牛群为健康牛群。

（2）犊牛应于 20 日龄时进行第一次监测，100～120 日龄时进行第二次监测。凡连续 2 次以上监测结果均为阴性者，可认为是牛结核病净化群。

（3）对达到控制和稳定控制标准的县（市、区），每年至少开展 1 次奶牛结核病监测，监测比例为100%。对阳性奶牛应扑杀后进行无害化处理。凡连续2次以上监测结果均为阴性者，可认为是牛结核病净化群。

2. 牛结核病控制标准 按照《国家奶牛结核病防治指导意见（2017—2020年）》划分控制标准和净化标准（表2-13）。

表2-13 牛结核病控制状态划分标准

分区	划分标准
控制标准	6周龄以上的奶牛每年抽样检测2次，连续2年个体阳性率小于3%，阳性奶牛已扑杀
净化标准	6周龄以上的奶牛每年抽样检测2次，连续2年个体阳性率小于0.1%，阳性奶牛已扑杀

（四）牛结核病防控与净化方面的现状及问题

牛结核病是我国法定的检疫对象。按《牛结核病防治技术规范》规定，我国对牛结核病的监测比例为：种牛、奶牛100%，规模场肉牛10%，其他牛5%，疑似病牛100%，并及时扑杀结核病阳性牛。但由于财政补偿标准太低及地方与个人承担比例过高等原因，各地不检或盲报现象严重，因此关于我国牛结核病流行现状的准确数据不详。不同机构进行的奶牛结核病流行病学调查所获得的数据有差异，可能与采样方式和调查选点有关，且基本上调查结果都未公开。

1. 尚未制订有效的牛结核病防控与净化计划 虽然我国一直将牛结核病列为检疫、扑杀的对象，但尚未制订牛结核病的防控与净化计划。因此，我国牛结核病防控与净化尚缺少国家层面的整体谋划、进程预计和具体目标。

2. 流行病学家底不清 虽然不同机构都对牛结核病进行了一些流行病学抽样调查，从不同层面获得了一些局部地区的牛结核病流行病学资料，但由于多种原因，牛结核病的流行病学调查难以实施高覆盖率采样，调查结果难以透明化。

3. 执行“检疫—扑杀”措施面临的挑战 国家和地方政府实施检疫扑杀政策面临的三个关键问题是：杀多少？杀多久？怎么杀？

牛结核病的流行病学家底不清导致对影响牛结核病流行的因素缺乏兽医风险评估，因此对于“杀多少？杀多久？”心中无数。从发达国家执行牛结核病根除计划的经验和教训来看，牛结核病在我国的控制与根除绝不是一朝一夕的事。

“怎么杀？”是另一个值得深入研究的科学与政策问题。关于感染牛的处理目前有如下几种：一种情况是因为无能力赔偿养殖户或担心影响畜牧业发展或干部政绩考核而不检不杀；另一种情况是检而不杀，以检查时牛舍中见不到检出的阳性牛为标准，不管阳性牛是否流入市场或被私宰；还有一种情况是既检又杀，但宰后不作病理学检测或细菌学检测确诊。

宰后阳性牛的无害化处理方式也是值得研究的问题。牛结核病是一种以潜伏感染为主的慢性传染病，只有约 10%的感染者发展为临床活动性结核病，而所用的牛结核菌素皮内变态反应检出的是感染阳性牛。我国牛结核病阳性牛基数大，扑杀的大部分牛可能只是潜伏感染牛，尚未产生肉眼可见的病理变化，这也是老百姓抵抗扑杀政策实施的原因之一。在控制好牛结核病传播风险的前提下，考虑将阳性牛送至生物安全条件好、政府授权或指定的屠宰加工场集中屠宰、实行无害化处理与综合利用，可以降低淘汰成本。

4. 牛群流动可追溯体系不健全　根据疫病流行情况进行区域化管理、限制牛群流动、实行可追溯体系是发达国家控制牛结核病及其他重大疫病的重要措施和成功经验。我国牛群流动监管力度太弱、区域之间无序流动现象普遍和基本无可追溯体系等是导致牛结核病蔓延的重要原因。

5. 缺乏有经济活力的政策法规　虽然国家的多个相关文件中均对牛结核病给予了深切关注，如国务院颁发了《国务院关于促进奶业持续健康发展的意见》(国发〔2007〕31 号)，强调“完善奶牛重大疫病防治和扑杀政策，将患结核病、布鲁氏菌病而强制扑杀的奶牛，列入畜禽疫病扑杀补贴范围”。但由于补贴标准是数年前制定的，与当前牛价相比差距过大，地方政府与个人承担比例欠妥等，相关政策在实施时各方面不能积极配合。

6. 公众认知水平有待提高　由于结核病是一种慢性传染病，尽管感染基数大，但发病数相对较少，发病早期缺少特异性临床症状，扑杀的结核感染阳性牛相当部分无明显肉眼可见的病理变化，导致公众对牛结核病的防控意义认识不足，而任何疫病防控与净化计划如果得不到公众的正确理解与热情配合是难以顺利实施的。

7. 牛结核病防控相关技术研发进度缓慢　动物疫病种类多，计划免疫、检疫与监测对象多，导致基层防疫人员工作负担过重。加之牛结核病检疫劳动强度大、耗时长，经济条件差的地区阳性牛扑杀补偿无法兑现，因此牛结核病少检、不检现象相当普遍。结核分枝杆菌本身的特点，如生长速度慢、持续感染普遍、病例难以人工复制、细胞免疫与体液免疫分离、新型检测技术缺乏高效的标准评估方法等，给相关研究带来诸多挑战，国家对诊断试剂审批的手续多、周期长也在一定程度上影响了新型诊断技术的市场转化。

8. 野生动物结核病有待重视　家养牛的结核病防控进程缓慢，而野生动物结核病的控制尚未得到重视。目前我国对生活在野外的野生动物结核病流行情况的了解处于空白，对圈养野生动物如梅花鹿等有一定的了解，但控制力度不大。

世界各个国家控制牛结核病的基本策略是“检测和扑杀”，检测的基本手段是沿用了百余年的牛结核菌素皮内变态反应，但新技术与新思维不断用于控制或根除计划中。发达国家的经验表明，根除牛结核病是一项长期的工作，需要政府、官员、专家、兽医防疫人员、养殖业主和消费者等多方面力量的配合，立法、经济赔偿和科技支撑是保障。我国牛结核病的防控虽然一直受到党和政府的高度重视，但尚未制订和实施全国性的牛结核病控制及净化计划，有效控制牛结核病任重道远。

（五）牛结核病防控基本策略

长期以来，我国一直重视牛结核病的防控工作。早在1959年，农业部、卫生部、对外贸易部、商业部就联合发布了《肉品卫生检验试行规程》（以下简称《规程》），这是我国兽医防疫领域最早的法规。《规程》规定，患结核病的病畜，均须在指定地点或屠宰间屠宰。

1985年，我国发布了《中华人民共和国家畜家禽防疫条例》和《中华人民共和国家畜家禽防疫条例实施细则》（以下简称《细则》），《细则》首次将结核病列为二类动物疫病。

1997年，我国发布了《中华人民共和国动物防疫法》（以下简称《防疫法》），这是我国第一部动物防疫法律，之后不断进行修订和完善。

1999年，农业部公布一、二、三类动物疫病病种名录（农业部第96号公告），将牛结核病列为二类动物疫病。按照《防疫法》的规定，发生二类动物疫病时，县级以上地方人民政府应当根据需要组织有关部门和单位采取隔离、扑杀、销毁、消毒、紧急免疫接种，限制易感染的动物、动物产品及有关物品出入等控制、扑灭措施。

2002年，我国发布了《牛结核病防治技术规范》和《动物结核病诊断技术》（GB/T 18645—2002）。明确我国牛结核病防控的基本策略是“监测、检疫、扑杀和消毒”，并规定了牛结核病防治的具体技术措施；病死和扑杀的病畜，要按照《畜禽病害肉尸及其产品无害化处理规程》（GB 16548—1996）进行无害化处理。

2009年，针对国际国内疫情形势和我国畜牧业发展趋势，农业部成立了全国动物防疫专家委员会。专家委员会是为国家动物疫病防控提供决策咨询和技术支持的专家组织，设13个专家组和2个分委员会，其中包括结核病专家组。

2012年5月，国务院办公厅印发了《国家中长期动物疫病防治规划（2012—2020年）》（以下简称《规划》），列出了16种优先防治的国内动物疫病和 13 种重点防范的外来动物疫病。在 16 种优先防治的动物疫病中，奶牛结核病就在之列。《规划》明确指出了所列举的动物疫病的防治目标、防控重点和原则，并根据不同省（直辖市）的流行情况制定不同的考核标准，为我国动物疫病的防控进一步指明了方向。

在 2016 年 7 月，农业部、财政部认真总结近年来动物疫病防控政策实施和试点工作情况，立足动物防疫实际，决定从 2017 年开始调整完善重大动物疫病防控支持政策，发布《关于调整完善动物疫病防控支持政策通知》（农医发〔2016〕35 号），在布病重疫区省份（一类地区）将布病纳入强制免疫范围，将布病、结核病强制扑杀的畜种范围由奶牛扩大到所有牛和羊。

在 2017 年 7 月，为保障全国人民公共卫生安全，适应动物疫病防治工作的与时俱进，农业部发布了《国家奶牛结核病防治指导意见（2017—2020 年）》，对奶牛结核病的防治目标、思路、措施作了新的调整。

2021 年 5 月 1 日起施行的新的《中华人民共和国动物防疫法》规定，种用、乳用动物应当符合国务院农业农村主管部门规定的健康标准。饲养种用、乳用动物的单位和个人，应当按照国务院农业农村主管部门的要求，定期开展动物疫病检测；检测不合格的，应当按照国家有关规定处理。

（六）牛结核病防控措施

根据《国家奶牛结核病防治指导意见（2017—2020 年）》要求，坚持预防为主的方针，采取“因地制宜、分类指导、逐步净化”的防治策略，以养殖场（户）为防治主体，围绕“检疫、扑杀、监测、移动控制和消毒”的基本策略，不断完善养殖场生物安全体系，严格落实监测净化、检疫监管、无害化处理、应急处置等综合防治措施，积极开展场群和区域净化工作，有效清除病原，降低发病率，压缩流行范围，逐步实现防治目标。

1. 防治措施

（1）监测净化　开展牛结核病检疫工作是及早发现病牛，防止疫病传播的最有效方法。国家规定动物防疫部门每年至少进行两次奶牛检疫。各地畜牧兽医主管部门要加大疫情监测力度，及时准确掌握病原分布和疫情动态，科学评估发生风险，及时发布预警信息。在此基础上，制定切实可行的控制或净化实施方案，分区域、分步骤地统筹推进防治工作。要选择一定数量养殖场（户）、屠宰场和交易市场作为固定监测点，持续开展监测。

养殖场要按照“一病一案、一场一策”要求，根据本场实际，制定控制或净化方案，有计划地开展防治工作。及时扑杀结核病阳性牛，积极培育奶牛结核病阴性群。

（2）检疫监管　各地动物卫生监督机构要强化奶牛的产地检疫和屠宰检

疫，逐步建立以实验室检测和动物卫生风险评估为依托的产地检疫机制，提升检疫科学化水平。严格执行《跨省调运乳用、种用动物产地检疫规程》，切实做好跨省调运奶牛的产地检疫和流通监管工作。

（3）*生物安全管理*　各地畜牧兽医主管部门要加快推进奶牛标准化规模养殖，促进产业转型升级。要严格动物防疫条件审查，指导养殖场（户）落实卫生消毒制度，提高生物安全水平。督促奶牛养殖场（户）做好病死奶牛的无害化处理工作。养殖场（户）要严格落实防疫、生产管理等制度，构建持续、有效的生物安全防护体系。

（4）*应急处置*　各地畜牧兽医主管部门要结合实际，完善应急预案，健全应急机制，充实应急防疫物资储备，强化应急培训和演练，做好各项应急准备工作。一旦发生疫情，按照“早、快、严、小”的原则，立即按相关应急预案和防治技术规范进行处置。对监测发现的结核病阳性奶牛，应立即上报相关兽医主管部门，按照“早、快、严、小”的原则对该奶牛场的阳性病牛、疑似牛及其产品采取严格封锁、隔离、消毒、淘汰、扑杀销毁等控制措施，并进行无害化处理。当地政府制定切实可行的措施，对处理的阳性奶牛按照《关于调整完善动物疫病防控支持政策通知》（农医发〔2016〕35号）给予适当的经济补偿，保证阳性奶牛得到及时处理。此外，应加强对奶牛场的检疫频次，剔除其中的隐性感染，净化奶牛场。与此同时，着手进行流行病学调查和疫源追踪，为奶牛场结核病的防治提供理论依据。

（5）*严格执行消毒制度*　奶牛场要建立卫生消毒制度。进行科学合理的消毒是牛结核病防控的关键措施，目的是消灭传染源，切断传播途径，阻止疫病的发生和蔓延，从而做到防患于未然。消毒的重点是奶牛圈舍及周边环境、饲养用具、运输工具、仓库等。

（6）*加强奶牛移动控制*　动物防疫监督机构要对辖区内的奶牛场（户）登记造册，建立档案，查验有效证件，加强奶牛流通市场管理，规范市场流通渠道，加强流通防疫监管，严防疫情传播。跨省调运奶牛的，要严格实行奶牛检疫审批和“准调”制度；省内调运奶牛的，一律凭动物防疫监督机构出具的检疫合格证、车辆消毒证明和奶牛健康证调运，必须证明无结核病阳性牛时方可引进。奶牛调入后，要立即向当地动物防疫监督机构报检，同时隔离饲养，观察1～2个月，并经当地动物防疫监督机构间隔40d进行两次检疫，确定健康且无牛结核病时才能混群饲养。对拒检户依法实施处罚。严厉打击违反《中华人民共和国动物防疫法》非法贩卖病牛行为。

2. 保障措施

（1）*加强组织领导*　根据国务院有关文件规定，地方各级人民政府对辖区内奶牛结核病防治工作负总责。各地畜牧兽医主管部门要积极协调有关部门，争取将奶牛结核病防治指导意见的主要任务纳入政府考核评价指标体系。各地畜牧兽医主管部门要在当地政府的统一领导下，与有关部门加强协作，制定本辖区的奶牛结核病防治方案，认真落实各项措施的实施，确保按期实现防治目标。鼓励省际或区域之间开展联防联控，共同推动牛结核病的防治工作。

（2）强化技术支撑　各级畜牧兽医主管部门要加强资源整合，强化科技保障，提高奶牛结核病防治科学化水平。要依靠地方各级动物疫病预防控制机构、奶牛结核病专业实验室的技术力量，发挥全国动物防疫专家委员会的作用，分析流行动态，加强技术指导，提出政策措施建议，为防治工作提供技术支撑。引导和促进科技成果转化，推动技术集成示范与推广应用。

各级畜牧兽医主管部门要与奶牛结核病专业实验室密切配合，积极开展牛结核病的监测和流行病学调查工作，发现病原学阳性样本应及时送结核病专业实验室进行分析鉴定。

奶牛结核病专业实验室要持续跟踪病原分布和疫情动态，加强诊断试剂等技术研究，提出防治对策建议。中国动物疫病预防控制中心要加强奶牛结核病防治技术的指导，中国兽医药品监察所要加强奶牛结核病诊断制品的质量监管，中国动物卫生与流行病学中心要加强奶牛结核病流行病学的调查分析。

（3）落实经费保障　进一步完善“政府保障，分级负责，社会力量参与”的经费投入机制。各级畜牧兽医主管部门积极协调财政、发展改革等有关部门，依法将奶牛结核病预防、控制、扑灭、监测、流行病学调查、检疫监督和无害化处理所需经费纳入本级财政预算，对率先实现防治目标的奶牛场和县级区域在畜牧业发展有关项目申报、资金安排上给予倾斜。积极配合财政等有关部门加强相关经费监管，确保经费专款专用，提高资金使用效益。积极动员和引导社会各界为奶牛结核病的防治工作提供支持，统筹安排社会各方资源。

（4）加强信息化管理　各级畜牧兽医主管部门要建立健全奶牛结核病防治信息管理平台，及时发布奶牛结核病防治工作进展情况，适时更新奶牛结核病控制、净化场群和县（区、市）的信息。

（5）加大科技宣传力度，进一步提高认识　各级畜牧兽医主管部门应充分利用电视、广播、网络等诸多媒体，通过知识讲座、发放宣传单等多种形式，加大奶牛结核病防治知识宣传力度，提升公众防疫意识，提高科学养殖水平。要加强对相关从业者的宣传教育，增强其自我防护意识，降低人群感染风险。要为防疫人员提供必要的个人卫生防护用品，加强个人防护的教育培训。

全社会应加强对牛结核病防控工作重要性的认识，各级党委和政府的重视应进一步提高。在深入宣传《中华人民共和国动物防疫法》的基础上，通过各种媒体形式广泛宣传国家为实施牛结核病防治而制定的各种立法规范和行业标准，以及牛结核病对养牛业和公共卫生安全方面造成的威胁及进行综合防治的重大意义，以此引起全社会尤其是各级党委、政府的高度重视，推动牛结核病的综合防治工作取得进展。

（6）建立畜牧和卫生部门的联防议事协调机构　建立联合领导小组和办公室，明确任务和职责，加强工作信息交流。在牛结核病防控任务面前，真正做到既有分工又有合作，群策群力，联防联控，以达到事半功倍的效果，切实提高牛结核病的公共卫生安全水平。加快各级动物疫病预防控制机构人员队伍建设，采取各种形式的培训，让基层专业技术人员熟悉和了解国家相关的法律法规及有关的行业技术标准，提高检疫技术水平。

（7）切实做好牛结核病检疫工作

①积极落实资金，做好物资准备　例如，安排专项资金，包括业务经费与工作经费，购置游标卡尺、注射针头、手术剪刀、防护工作服、乳胶手套、牛结核菌素、离心管、酒精、药棉等，以保证检测工作顺利展开。

②加强培训，提高检测技术人员的综合素质　牛结核病是奶牛常见传染病，也是人兽共患病，为提高检测质量，应该定期组织所有参与的检测人员集中学习相关技术规程。另外，还要学习牛结核病的流行病学、人兽感染症状、净化计划、防控关键措施等。

③加大宣传力度　各地动物疫病预防控制中心应该加强与奶牛小区（场、户）的协调配合，及时将防控文件发放到奶牛养殖小区（场、户）手中，宣传奶牛结核病检测的方法、意义，以提高广大奶牛养殖小区（场、户）的参与意识。

④确保检疫质量　根据《牛结核病防控技术规范》要求，动物疫病预防控制中心应该对辖区内存栏奶牛小区（场、户）20 日龄以上的奶牛逐头用牛结核菌素皮内变态反应进行检测，并对检测结果进行详细的记录，制定严格的防疫制度和落实有关防疫、卫生等措施。一旦发现问题，要及时予以纠正和查处，最大限度地消除疫病隐患。

⑤建立个体档案　为了有效预防和控制奶牛疫病的发生及提高奶牛卫生监管水平，动物疫病预防控制中心应该协助企业为每头奶牛建立个体档案卡，记录奶牛标识、品种、繁育情况、免疫情况、检疫情况，以规范奶牛防疫管理，提高饲养水平。建立奶牛可追溯体系。严厉打击买卖和屠宰加工染疫牛的不法行为。控制染疫牛流动，杜绝染疫牛及其产品流入市场。对无奶牛健康证的奶牛不得开具检疫证明。

⑥保障扑杀补贴经费　政府应将牛结核病扑杀补偿经费纳入财政预算，补偿额度应与市场价格接轨。可组建一个由政府纪检监察、财政、物价、畜牧兽医部门组成的牛结核病扑杀牛作价工作组，按当地市场价格，对扑杀的结核病阳性牛进行实际作价。补偿金额由省财政、县财政和饲养户共同承担，以省财政补贴为主，县和饲养户（场）也应承担一定比例的扑杀负担。

(8) 疫情处理　按照相关规定，一旦发现牛结核病疫情，应该迅速处置，根据相关法规实施拔点灭源。进行采样、检测和按照《牛结核病防治技术规范》要求，采取隔离、扑杀、无害化处理、消毒等措施。

(9) 牛结核病净化技术

①建立健全牛群可追溯体系　实行牛群登记制度，佩戴统一标识，建立信息跟踪监督体系。严格检疫，防止疫病传入、输出和传播。

②开展牛结核病检疫分区　根据OIE牛结核病检疫的要求，以及发达国家普遍对牛结核病检疫进行分区的经验，结合我国实际情况，应在国家层面上进行结核病检疫分区工作，不同区域使用不同的检疫政策。

③尽早开展"无结核病群"和"无结核病区"的认证工作　OIE对"无结核病群"和"无结核病区"的认证资格有明确的要求，世界发达国家普遍开展了"无结核病群"和"无结核病区"的认证工作，并对"无结核病群"和"无结核病区"在家畜调运、检疫频次等方面给予了一系列的具体规定。OIE要求认证工作必须由官方兽医机构进行，我国应及早开展认证工作。

④采用更为科学的牛结核病活体检疫方法　澳大利亚、新西兰、加拿大和美国等国家均以更为简便的尾根试验作为筛选试验，世界上主要发达国家均以牛、禽结核菌素比较变态反应或IFN-γ检测法作为牛结核病活体检疫的确认试验。考虑到我国的实际情况，可将尾根试验或颈部试验作为筛选试验，阳性牛用IFN-γ检测法加以确诊。

⑤加强屠宰场检疫和标识体系建设　OIE对屠宰场检疫提出了明确的要求，世界上主要发达国家均建立了以活畜检疫和屠宰场检疫相互补充的牛结核病检疫体系。屠宰场检疫是发现结核阳性牛群的一个最简单、最有效方法。很多已基本控制牛结核病的发达国家几乎仅仅使用屠宰场检疫来监控牛结核病的流行。我国应迅速完善屠宰场检疫体系和动物标识追踪体系，对屠宰牛进行详细的肉品检疫。对于病变组织，利用有效的标签追溯体系，追溯至养牛场，同时送往牛结核病参考实验室进行确诊，从而快速、有效地发现结核病阳性牛群。

⑥加强对牛结核病阳性牛群的管理　所有牛结核病变态反应阳性牛群和紧密接触牛均要有明显标识，而且只能用于屠宰。对于在活体检疫中出现结核病阳性的牛群和屠宰场检疫出现阳性、经标识系统追溯到的牛群，应取消其"无结核病群"证书，限制牛群移动，或仅允许牛群进入屠宰场进行屠宰；牛群所产牛奶要进行巴氏消毒，而且必须要保证结核病阳性牛的牛奶不能进入人的食物链。对于扑杀的家养牛，要进行病理检查，同时要提取组织进行细菌培养，并通过分子流行病学追溯其感染来源。

⑦加强流通领域的监测　除要屠宰的动物外，所有动物在移动前都必须是

经过检测且结果为阴性，或者是来源于“无结核病群”的动物。而且只有拥有“无结核病群”证书的动物群，才能进行正常的交易。

⑧迅速开展实验室监测工作　牛结核病的实验室监测在我国才起步，而IFN-γ检测法在许多国家已经成为法定的牛结核病活畜检测的辅助试验，我国也应迅速开展这方面的实验室检测工作。在发达国家，对发现的牛结核病活畜检疫阳性群如何进行处理，实验室监测是其中一个关键的科学依据。实验室监测的样本主要来源于待扑杀的变态反应阳性牛和屠宰检疫时发现的疑似牛结核病病变组织。而这两个样本来源正好是我国牛结核病检疫中的薄弱环节。牛群中的变态反应阳性牛经实验室检测不能确诊的，可以取消牛群的移动限制；如确诊，则该牛群的所有牛要使用更为严厉的标准进行皮肤试验。如果再次确定牛群中只有可疑牛，实验室检测不能确诊的，则取消牛群的移动限制。仅在屠宰场检疫发现结核病病变，但实验室检测群体为阴性结果时，可以取消牛群的移动限制。

⑨净化污染牛群　应用牛结核菌素皮内变态反应试验对牛群进行反复监测，每次间隔3个月，发现阳性牛应及时扑杀。对多次检疫不断出现阳性的牛群，每年要进行4次以上的检疫，检出的阳性牛应立即分群隔离，隔离牛舍应处在下风口，并与健康牛舍相隔50m以上。阳性牛按规定扑杀淘汰。阴性牛应定期检疫，每间隔3个月检疫1次，连续3次均为阴性者可放入假定健康群，假定健康群在1.0～1.5年内经3次检疫全为阴性时即可改称健康群。

⑩培育健康犊牛群　在隔离阳性牛群1km以外设立犊牛岛。分娩前消毒母牛乳房及后躯，产犊后立即将母牛分开，并用2%～5%来苏儿溶液消毒犊牛全身，擦干后将其送入隔离室由专人饲养管理。每头犊牛应设置专用的喂奶器，并经常消毒，保持清洁卫生。犊牛出生后应饲喂健康母牛的初乳，5～7d后饲喂健康的牛常乳或消毒乳。犊牛应在6个月的隔离饲养中检疫3次，第1次于出生后20～30d，第2次于出生后90d，第3次于出生后160～180d，目的是淘汰阳性犊牛。阴性犊牛且无任何可疑临床症状，经消毒处理后方可转入健康群。

牛结核病的控制是一个长期的系统工程，需要结合切实的规划、立法、补偿、有效检疫、扑杀、宣传指导、公众支持等，且需要各部门、各级政府、各级兽医防疫官员、专家、基层、养殖业主和消费者等多方面力量的配合，立法、财政和科技支撑是基本保障，因此任重而道远。

参考文献

阿曼古丽·加孜，2010. 新疆牛结核病病原的分离鉴定及不同诊断方法的比较研究［D］. 乌鲁木齐：新疆农业大学.

曹德君，陈颖钰，陈焕春，等，2013. 新型结核病疫苗的研究与应用进展［J］. 中国奶牛（6）：22-27.
陈诗涛，2013. 牛布鲁氏菌和牛分枝杆菌抗原的基因克隆、表达和抗原性鉴定［D］. 广州：暨南大学.
陈颖钰，郭爱珍，2014. 牛结核病防控技术研究进展［J］. 中国奶牛（16）：1-7.
邓铨涛，陈颖钰，郭爱珍，等，2009. 奶牛结核病诊断方法的比较研究［J］. 生物技术通报（2）：84-87.
杜艳芬，2009. 牛结核病病原学调查及分子流行病学研究［D］. 北京：中国农业科学院.
范伟兴，狄栋栋，黄保续，2013. 发达国家根除家畜布病的主要措施［J］. 中国动物检疫，30（4）：68-70.
甘海霞，2008. 广西奶牛结核病的监测与防制［D］. 南宁：广西大学.
高峰，于伯华，杨瑞章，等，2013. 2 种基因分型法在牛结核病流行病学调查中的应用［J］. 畜牧与兽医（5）：22-26.
宫强，2007. 牛结核病 DNA 疫苗的研究［D］. 哈尔滨：中国农业科学院.
郭爱珍，2010. 我国牛结核病的防控与净化［J］. 兽医导刊（8）：38-40.
郭爱珍，2012. 牛结核病的流行与防控技术［J］. 兽医导刊（11）：41-43.
郭爱珍，陈焕春，2010. 牛结核病流行特点及防控措施［J］. 中国奶牛（11）：38-44.
郭爱珍，陈颖钰，2005. 牛结核病［M］. 北京：中国农业出版社.
金鑫，苏敬良，2004. 人兽共患病的现状与防制（三）——动物结核病［J］. 动物保健（6）：18-19.
李舵，2005. 新疆部分地区牛结核病监测与防治策略研究［D］. 杨凌：西北农林科技大学.
李海凤，2016. 新型结核病疫苗免疫组分和诊断分子标识侯选物的初步筛选及鉴定［D］. 北京：北京协和医学院.
李志源，2005. 综合防制技术在奶牛结核病中的应用［D］. 南京：南京农业大学.
刘朋，2018. 结核病检疫阳性奶牛的病变观察及感染致病性研究［D］. 泰安：山东农业大学.
刘秀梵，2012. 兽医流行病学［M］. 北京：中国农业出版社.
刘钊，2016. 乳及乳制品中结核分枝杆菌检测方法-荧光定量 PCR 法［D］. 广州：华南农业大学.
马慧玲，张金叶，孙燕，等，2017. 澳大利亚牛结核病的根除及参考意义［J］. 中国动物检疫，34（4）：72-75.
梅珍珍，2017. 结核病分子诊断研究进展［J］. 湖北科技学院学报，31（1）：88-92.
石琴，袁立岗，蒲敬伟，等，2017. 不同监测方法在奶牛结核病检疫中的应用［J］. 中国奶牛（1）：33-35.
孙淑芳，王媛媛，刘陆世，等，2015. 发达国家牛结核病根除计划的法律要点分析［J］. 中国动物检疫，32（12）：41-44.
孙雨，马世春，王晓英，等，2015. 牛结核病的流行病学特征与实验室诊断技术的研究进展［J］. 畜牧与兽医，47（10）：145-148.
王春雨，赵德明，周向梅，等，2016. 澳大利亚成功消灭牛结核病的成果和可借鉴经验

[J]．中国畜牧杂志，52（4）：20-23.

王静娴，杨春，2010. 结核分枝杆菌与巨噬细胞相互作用的研究进展［J］．微生物与感染（5）：181-185.

王巧智，龚德华，2017. 结核病疫情现状和控制策略［J］．实用预防学，24（3）：257-259.

王曲直，2014. 规模化奶牛场结核病的防控与净化［D］．扬州：扬州大学．

王雅宁，2012. 荧光定量 PCR 技术检测结核杆菌临床应用分析［J］．实用预防医学（9）：1404-1406.

王岩，2016. 华北某地区牛结核病流行病学调查研究［D］．南京：南京农业大学．

王昱，陈俊，陈枫，等，2017. 新西兰牛结核病区域化防控与启示［J］．中国动物检疫，34（3）：70-74.

吴雪琼，2010. 分枝杆菌分子生物学［M］．北京：人民军医出版社．

吴雪琼，张宗德，乐军，2010. 分枝杆菌分子生物学［M］．北京：人民军医出版社．

熊学凯，陈颖钰，郭爱珍，2012. 牛结核病综合防控措施［J］．养殖与饲料（11）：24-28.

游晓拢，2014. 结核分枝杆菌免疫优势抗原研究进展［J］．微生物学免疫学进展（42）：60-64.

张喜悦，孙明军，范伟兴，2017. 牛结核病的传播与控制［J］．中国动物检疫，34（7）：70-74.

赵燕娟，王刚，索朗斯珠，2018. 藏区牛结核分枝杆菌病流行病学调查与分析［J］．高原农业（2）：154-161.

周磊，马越云，刘家云，等，2011. 耐多药结核分枝杆菌双组份系统反应调节子表达的研究［J］．中华检验医学杂志（34）：800-804.

Acevedo-Whitehouse K，Vicente J，Gortazar C，et al，2005. Genetic resistance to bovine tuberculosis in the Iberian wild boar［J］. Molecular Ecology，14：3209-3217.

AguilarL D，Infante E，Bianco M V，et al，2006. Immunogenicity and protection induced by *Mycobacterium tuberculosis* mce-2 and mce-3 mutants in a Balb/c mouse model of progressive pulmonary tuberculosis［J］. Vaccine，24：2333-2342.

Allepuz A，Casal J，Napp S，et al，2011. Analysis of the spatial variation of *Bovine tuberculosis* disease risk in Spain（2006-2009）［J］. Preventive Veterinary Medicine，100：44-52.

Alonso-Rodriguez N，Martinez-Lirola M，Sanchez M L，et al，2009. Prospective universal application of mycobacterial interspersed repetitive-unit-variable-number tandem-repeat genotyping to characterize *Mycobacterium tuberculosis* isolates for fast identification of clustered and orphan cases［J］. Journal of Clinical Microbiology，47：2026-2032.

Ameni G，Aseffa A，Engers H，et al，2007. High prevalence and increased severity of pathology of bovine tuberculosis in Holsteins compared to zebu breeds under field cattle husbandry in central Ethiopia［J］. Clinical and Vaccine Immunology，14：1356-1361.

Ameni G，Tadesse K，Hailu E，et al，2013. Transmission of *Mycobacterium tuberculosis* between farmers and cattle in central Ethiopia [J]. PLoS One, 8, e76891.

Ann M N, 1999. The cost of disease eradication. Smallpox and bovine tuberculosis [J]. Ann of the New York Academy of Sciences, 894: 83-91.

Anthony R M, Schuitema A R, Bergval I L, et al, 2005. Acquisition of rifabutin resistance by a rifampicin resistant mutant of *Mycobacterium tuberculosis* involves an unusual spectrum of mutations and elevated frequency [J]. Annals of General Psychiatry, 4: 9-15.

Aranday-Cortes E, Hogarth P J, Kaveh D A, et al, 2012. Transcriptional profiling of disease-induced host responses in bovine tuberculosis and the identification of potential diagnostic biomarkers [J]. PLoS One, 7, e30626.

Atkins P J, Robinson P A, 2013. Bovine tuberculosis and badgers in Britain: relevance of the past [J]. Epidemiol and Infection, 141: 1437-1444.

Awah-Ndukum J, Kudi A C, Bradley G, et al, 2013. Molecular genotyping of *Mycobacterium bovis* isolated from cattle tissues in the North West Region of Cameroon [J]. Tropical Animal Health and Production, 45: 829-836.

Baliko Z, Szereday L, Szekeres-Bartho J, 1998. Th2 biased immune response in cases with active *Mycobacterium tuberculosis* infection and tuberculin anergy [J]. FEMS Immunology and Medical Microbiology, 22: 199-204.

Bezos J, Casal C, Romero B, et al, 2014. Current ante-mortem techniques for diagnosis of bovine tuberculosis [J]. Research in Veterinary Science, 97 (Suppl): 44-52.

Biek R, O'Hare A, Wright D, et al, 2012. Whole genome sequencing reveals local transmission patterns of *Mycobacterium bovis* in sympatrice cattle and badger populations [J]. PLoS Pathogen, 8: 1003008.

Biffa D, Bogale A, Godfroid J, et al, 2012. Factors associated with severity of bovine tuberculosis in Ethiopian cattle [J]. Tropical Animal Health and Production, 44: 991-998.

Blanco F C, Nunez-Garcia J, Garcia-Pelayo C, et al, 2009. Differential transcriptome profiles of ted and hypervirulent strains of *Mycobacterium bovis* [J]. Microbes and Infection, 11: 956-963.

Brock I, Munk M E, Kok-Jensen A, et al, 2001. Performance of whole blood IFN-gamma test for tuberculosis diagnosis based on PPD or the specific antigens ESAT-6 and CFP-10 [J]. The International Journal Tuberculosis & Lung Disease, 5: 462-467.

Brooks-Pollock E, Roberts G O, Keeling M J, 2014. A dynamic model of bovine tuberculosis spread and control in Great Britain [J]. Nature, 511: 228-231.

Buddle B M, Pollock J M, Skinner M A, et al, 2003. Development of vaccines to control bovine tuberculosis in cattle and relationship to vaccine development for other intracellular pathogens [J]. International Journal for Parasitology, 33: 555-566.

Buddle B M, Skinner M A, Wedlock D N, et al, 2002. New generation vaccines and delivery systems for control of bovine tuberculosis in cattle and wildlife [J] . Veterinary Immunology Immunopathology, 87: 177-185.

Buddle B M, Wilson T, Luo D, et al, 2013. Evaluation of a commercial enzyme-linked immunosorbent assay for the diagnosis of bovine tuberculosis from milk samples from dairy cows [J] . Clinical and Vaccine Immunology, 20: 1812-1816.

Cambau E, Drancourt M, 2014. Steps towards the discovery of *Mycobacterium tubercuiosis* by Roben Koch, 1882 [J] . Clinical Microbiology and Infection, 20: 196-201.

Carter S P, Chambers M A, Rushton S P, et al, 2012. BCG vaccination reduces risk of tuberculosis infection in vaccinated badgers and unvaccinated badger cubs [J] . PLoS One, 7, e49833,

Casal C, Bezos J, Diez-Guerrier A, et al, 2012. Evaluation of two cocktails containing ESAT-6, CFP-10 and Rv-3615c in the intradermal test and the interferon-gamma assay for diagnosis of bovine tuberculosis [J] . Preventive Veterinary Medicine, 105: 149-154.

Chambers M A, Carter S P, Wilson G J, et al, 2014. Vaccination against tuberculosis in badgers and cattle: an overview of the challenges, developments and current research Priorities Britain [J] . Veterinary Record, 175: 90-96.

Chauhan S, Singh A, Tyagi J S, 2010. A single-nucleotide mutation in the-10 promoter region inactivates the narK2X promoter in *Mycobacterium bovis* and *Mycobacterium bovis* BCG and has an application in diagnosis [J] . FEMS Microbiology Letters, 303: 190-196.

Chen Y, Chao Y, Deng Q, et al, 2009. Potential challenges to the Stop TB Plan for humans in China; cattle maintain *M. bovis* and *M. tuberculosis* [J] . Tuberculosis (Edinb), 89: 95-100.

Chen Y Y, Chao Y J, Deng Q T, et al, 2009. Potential challenges to the Stop TB Plan for humans in China; cattle maintain *M. bovis* and *M. tuberculosis* [J] . Tuberculosis (Edinb), 89: 95-100.

Chen Y Y, Wu J F, Tu L L, et al, 2013. 1H-NMR spectroscopy revealed *Mycobacterium tuberculosis* caused abnormal serum metabolic profile of cattle [J] . PLoS One, 8 (9): e74507.

Colditz G A, Brewer T F, Berkey C S, et al, 1994. Efficacy of BCG vaccine in the prevention of tuberculosis: meta-analysis of the published literature [J] . The Journal of American Medical Association, 271: 698-702.

Corner L A, 1994. Post mortem diagnosis of *Mycobacterium bovis* infection in cattle [J]. Veterinary Microbiology, 40: 53-63.

Cousins D V, Roberts J L, 2001. Australia's campaign to eradicate bovine tuberculosis: the battle for freedom and beyond [J] . Tuberculosis, 81: 5-15.

Davies F L, Giske C C, Bruchfeld J, et al, 2015. Meropenem clavulanic acid has high *in vitro* activity against multidrug resistant *Mycobacterium tuberculosis* [J] International Journal of Mycobacteriology, 30 (5): 171-175.

Driscoll E E, Hoffman J, Fau-Green L E, et al, 2011. A preliminary study of genetic factors that influence susceptibility to bovine tuberculosis in the British cattle herd [J]. PloS one, 6, e18806.

Driscoll J R, 2009. Spoligotyping for molecular epidemiology of the *Mycobacterium tuberculosis* complex [J] . Methods in Molecular Biology, 551: 117-128.

Du P I, Loots D T, 2012. Altered fatty acid metabolism due to rifampicin-resistance mutations in the rpoB gene of *Mycobacterium tuberculosis*: mapping the potential of pharmaco-metaoolomics for global health and personalized medicine [J] . Omics A Journal of Integrative Biology, 16: 596-603.

Du Y, Qi Y, Yu L, et al, 2011. Molecular characterization of *Mycobacterium tuberculosis* complex (MTBC) isolated from cattle in northeast and northwest China [J] . Research Veterinary Science, 90: 385-391.

Farhat M R, Shapiro B J, Kieser K J, et al, 2013. Genomic analysis identifies targets of convergent positive selection in drug-resistant *Mycobacterium tuberculosis* [J] . Nature Genetics, 45: 1183-1189.

Garnier T, Eiglmeier K, Camus J C, et al, 2003. The complete genome sequence of *Mycobacterium bovis* [J] . Proceeding of the National Academy of Sciences, 100: 7877-7882.

Gordon S V, Heym B, Parkhill J, et al, 1999. New insertion sequences and a novel repeated sequence in the genome of *Mycobacterium tuberculosis* H37Rv [J] . Microbiology 145 (Pt 4): 881-892.

Griffin J F, Cross J P, Chinn D N, et al, 1994. Diagnosis of tuberculosis due to *Mycobacterium bovis* in New Zealand red deer (*Cervus elaphus*) using a composite blood test and antibody assays [J] . New Zealand Veterinary Journal, 42 (5): 173-179.

Haddad N, Masselot M, Durand B, 2004. Molecular differentiation of *Mycobacterium bovis* isolates. Review ofmain techniques and applications [J] . Research in Veterinary Science, 76: 1-18.

Haddad N, Ostyn A, Karoui C, et al, 2001. Spoligotype diversity of *Mycobacterium bovis* strains isolated in France from 1979 to 2000 [J] . Journal Clinical Microbiology, 39: 3623-3632.

Han Z Q, Gao J F, Shahzad M, et al, 2013. Seroprevalence of bovine tuberculosis infection in yaks (*Bosgrunniens*) on the Qinghai-Tibetan Plateau of China [J] . Tropical animal Health and Production, 45: 1277-1279.

Hang'ombe M B, Munyeme M, Nakajima C, et al, 2012. *Mycobacterium bovis* infection at the interface between domestic and wild animals in Zambia [J] . BMC Veterinary Research, 8, doi: 10, 1186/1746-6148-1188-1221.

Hartnack S, Torgerson P R, 2012. The accuracy of the single intradermal comparative skin test for the diagnosis of bovine tuberculosis estimated from a systematic literature search

[J] . Mycobacterial Diseases, 2 (6): 100-120.

Javed M T, Aranaz A, De Juan L, et al, 2007. Improvement of spoligotyping with additional spacer sequences for characterization of *Mycobacterium bovis* and *M. caprae* isolates from Spain [J] . Tuberculosis (Edinb), 87: 437-445.

Jean-Francois F L, Dai J, et al, 2014. Binding of MgtR, a Salmonella transmembrane regulatory peptide, to MgtC, a *Mycobacterium tuberculosis* virulence factor: a structural study [J] . Journal of Molecular Biology, 426: 436-446.

Joshi D, Harris N B, Waters R, et al, 2012. Single nucleotide polymorphisms in the *Mycobacterium bovis* genome resolve phylogenetic relationships [J] . Journal of Clinical Microbiology, 50: 3853-3861.

Kadarmideen H N, Ali A A, Thomson P C, et al, 2011. Polymorphisms of the SLC11A1 gene and resistance to bovine tuberculosis in African Zebu cattle [J] . Animal Genetics, 42: 656-658.

Lee S H, Lee W C, 2013. Epidemiological patterns and testing policies for bovine tuberculosis in the domestic cattle in Korea from 1961 to 2010 [J] . Japanese Journal of Veterinary Research, 61 (1/2): 19-23.

Lefevre P, Braibant M, De Wit L, et al, 1997. Three different putative phosphate transport receptors are encoded by the *Mycobacterium tuberculosis* genome and are present at the surface of *Mycobacterium bovis* BCG [J] . Journal of Bacteriology, 179: 2900-2906.

Lightbody K A, McNair J, Neill S D, et al, 2000. IgG isotype antibody responses to epitopes of the *Mycobacterium bovis* protein MPB70 in immunised and in tuberculin skin test-reactor cattle [J] . Veterinary Microbiology, 75: 177-188.

Liu H, Jiang Y, Dou X, et al, 2013. pstSl polymorphisms of *Mycobacterium tuberculosis* strains may reflect ongoing immune evasion [J] . Tuberculosis (Edinb), 93: 475-481.

MacGurn J A, Raghavan S, Stanley S A, et al, 2005. A non-RD1 gene cluster is required for Snm secretion in *Mycobacterium tuberculosis* [J] . Molecular Microbiology, 57: 1653-1663.

Martinez H Z, Suazo F M, Cuador G J Q, et al, 2007. Spatial epidemiology of bovine tuberculosis in Mexico [J] . Veterinaria Italiana, 43: 629-634.

More S J, Radunz B, Glanville J R, 2011. Lessons learned during the successful eradication of bovine tuberculosis from Australia [J] . Veterinary Record, 177 (9): 224.

Ng K H, Aldwell F E, Wedlock D N, et al, 1997. Antigen-induced interferon-gamma and responses of cattle inoculated with *Mycobacterium bovis* [J] . Veterinary Immunology and Immunopathology, 57: 59-68.

Olmstead A, Rhode P W, 2004. An impossible undertaking: the eradication of bovine tuberculosis in the United States [J] . The Journal of Economic History, 64: 734-772.

Phillips C J, Foster C R, Morris P A, et al, 2003. The transmission of *Mycobacterium bovis* infection to cattle [J] . Research in Veterinary Science, 74: 1-15.

Pollock J M, Girvin R M, Lightbody K A, et al, 2000. Assessment of defined of defined antigens for the diagnosis of bovine tuberculosis in skin test-reactor cattle [J]. Veterinary Record, 146: 659-665.

Pritchard D G, 1988. A century of bovine tuberculosis 1888-1988: conquest and controversy [J]. Journal of Comparative Pathology, 99: 357-399.

Ramos D F, Tavares L, da Silva P E, et al, 2014. Molecular typing of *Mycobacterium bovis* isolates: a review [J]. Brazilian Journal of Microbiology, 45: 365-372.

Rehren G, Walters S, Fontan P, et al, 2007. Differential gene expression between *Mycobacterium bovis* and *Mycobacterium tuberculosis* [J]. Tuberculosis (Amsterdam), 87: 347-359.

Romero B, Rodriguez S, Bezos J, et al, 2011. Humans as source of *Mycobacterium tuberculosis* infection in cattle, Spain [J]. Emerging Infectious Diseases, 17: 2393-2395.

Rothschild B M, Martin L D, Lev G, et al, 2001. *Mycobacterium tuberculosis* complex DNA from an extinct bison dated 17, 000 years before the present [J]. Clinical Infectious Diseases, 33: 305-311.

Romero B S, Rodriguez, 2011. Humans as source of *Mycobacterium tuberculosis* infection in cattle, Spain [J]. Emering Infectious Diseases, 17 (12): 2393-2395.

Salazar L, Guerrero E, Casart Y, et al, 2003. Transcription analysis of the dnaA gene and oriC region of the chromosome of *Mycobacterium smegmatis* and *Mycobacterium bovis* BCG, and its regulation by the DnaA protein [J]. Microbiology, 149: 773-784.

Tadayon K, Mosavari N, Feizabadi M M, 2013. An epidemiological perspectiveon bovine tuberculosis spotlighting facts and dilemmas in Iran, a historically zebudominant farming country [J]. Iranian Journal of Microbiology, 5 (1): 1-13.

Tripathi B N, Stevenson K, 2012. Detection of *Mycobacterium avium* subsp. paratuberculosis in formali-fixed, paraffin embedded tissues of goats by IS900 polymerase chain reaction [J]. Small Ruminant Research, 102 (1): 84-88.

Tyagi P, Dharmaraja A T, Bhaskar A, et al, 2015. *Mycobacterium tuberculosis* has diminished capacity to counteract redox stress induced by elevated levels of endogenous superoxide [J]. Free Radical Biology and Medicine, 36 (5): 120-123.

Vergne I, Gilleron M, Nigou J, 2014. Manipulation of the endocytic pathway and phagocyte functions by *Mycobacterium tuberculosis* lipoarabinomannan [J]. Frontiers in Cellular and Infection Microbiology, 4: 187.

Verschoor J A, Baird M S, Grooten J, 2012. Towards understanding the functional diversity of cell wall mycolic acids of *Mycobacterium tuberculosis* [J]. Progress in Lipid Research, 51: 325-339.

Wedlock D N, Skinner M A, de Lisle G W, et al, 2002. Control of *Mycobacterium bovis* infections and the risk to human populations [J]. Microbes and Infection/Institut Pasteur, 4: 471-480.

Whelan A O, Clifford D, Upadhyay B, et al, 2010. Development of a skin test for bovine tuberculosis for differentiating infected from vaccinated animals [J] . Journal of Clinical Microbiology, 48 (9): 3176-3181.

Whelan A O, Coad M, Cockle P J, et al, 2010. Revisiting host preference in the *Mycobacterium tuberculosis* complex: experimental infection shows *M. tuberculosis* H37Rv to be avirulent in cattle [J] . PLoS One, 5: e8527.

Wiker H G, 2009. MPB70 and MPB83-major antigens of *Mycobacterium bovis* [J]. Scandinavian Journal of Immunology, 69: 492-499.

Zink A R, Sola C, Reischl U, et al, 2003. Characterization of *Mycobacterium tuberculosis* complex DNAs from Egyptian mummies by spoligotyping [J] . Journal Clinical Microbiogy, 41: 359-367.

第三章　人感染布鲁氏菌病和结核病的预防

第一节　人感染布鲁氏菌病和结核病的症状

一、人感染布鲁氏菌病的症状

布鲁氏菌可以通过破损的皮肤黏膜、消化道和呼吸道等途径传播。布鲁氏菌病是《中华人民共和国传染病防治法》规定报告的乙类传染病。急性期病例以发热、乏力、多汗、肌肉疼痛、关节疼痛，以及肝、脾、淋巴结肿大为主要表现，慢性期病例多表现为关节损害等。布鲁氏菌病的临床症状多种多样，病情差别也很大。潜伏期一般为 1～3 周，平均 2 周，最短仅 3d，最长可达 1 年。临床表现、主要体征、临床分期及临床分型如下：

（一）临床表现

1. 发热　发热是布鲁氏菌病最常见的临床表现之一，多在午后或晚上开始，可见于各期病人，热型不一、变化多样，常见以下 5 种热型：波状热型、不规则热型、间歇热型、弛张热型和长期低热型。其中，波状热是最典型的热型，但是目前较为多见的是长期低热型和不规则热型。发热时常伴有寒战、大量出汗、关节肌肉酸痛、头痛、食欲减退等症状。

布鲁氏菌病患者在高热时神志清醒，痛苦也较少，但体温下降时自觉症状恶化，这种高热与病况相矛盾的现象为布鲁氏菌病所特有。

2. 多汗　多汗也是布鲁氏菌病患者的主要症状之一，尤其多见于急性期，患者出汗相当严重，体温下降时更为明显，常可湿透衣裤。患者感到紧张、烦躁，甚至影响睡眠。大量出汗可导致虚脱。

3. 骨关节和肌肉疼痛　急性患者多表现出大关节呈游走性疼痛，有的疼痛非常剧烈，犹如锥刺样或为顽固性钝痛，出现的时间多与发热有关。在疼痛的关节或者骨骼附近，常可发现一处或数处明显压痛点。慢性患者的关节疼痛一般仅限于某一部位的大关节，为持续性钝痛或者酸痛，有的仅有沉重感，关节疼痛常因外界因素的刺激而加重。有的慢性病人，四肢关节强直，变形，导致活动受限，甚至终身残疾；有的还可有脊柱（腰椎为主）受累，表现为疼痛、畸形和功能障碍等。

4. 乏力　这一症状几乎为布鲁氏菌病患者所具有，尤以慢性患者为甚。

5. 头痛　头痛为急性患者的常见症状之一。慢性患者在疲乏无力的同时也经常伴有头痛，个别头痛剧烈者常伴有脑膜刺激症状。当大脑皮层功能降低时，往往反应迟钝，记忆力减退。部分病人可有眼眶内疼痛和眼球胀痛等。

6. 其他症状　布鲁氏菌病患者的其他症状有心悸、神经痛、食欲不振、腹泻、便秘、精神抑郁、失眠、烦躁不安等。男性病例可伴有睾丸炎，女性病例可见卵巢炎。

（二）主要体征

1. 肝、脾及淋巴结肿大　多见于急性期病例，肝、脾肿大的患者恢复较慢。急性期患者可出现各种各样的充血性皮疹，多数患者淋巴结、肝、脾和睾丸肿大，胃、十二指肠和胰腺分泌功能下降或者发生障碍；慢性期患者多表现为骨关节系统损害、心血管损害。

2. 其他　急性期患者可以出现各种各样的皮疹，一些患者可以出现黄疸，慢性期患者表现为骨关节系统的损害。

（三）临床分期

1. 急性期　此期患者一般发病时间在 3 个月以内，有高热和明显的其他症状、体征（包括慢性期患者急性发作），并出现较高滴度的血清学反应。

2. 亚急性期　此期患者一般发病时间为 3～6 个月，有低热和其他症状、体征（即有慢性炎症），并出现血清学阳性反应或皮肤变态反应阳性。

3. 慢性期　此期患者一般发病时间在 6 个月以上，体温正常，有布鲁氏菌病症状、体征，并出现血清学阳性反应或皮肤变态反应阳性。

4. 残余期　此期患者一般体温正常，症状、体征较固定，或功能障碍往往因气候变化而变化，劳累过度时加重。

（四）临床分型

1. 内脏型　有心脏血管型、肺型、肝脾型。

2. 骨关节型　有关节损害、骨损害、软骨损害、综合损害。

3. 神经型　有周围神经系统损害、中枢神经系统损害。

4. 神经型　有神经病症状。

5. 泌尿生殖型　有睾丸、附睾损害，子宫、卵巢、输卵管损害，乳房损害，肾脏损害。

6. 外科型　即有固定的隐形病灶，需要外科手术。

人感染布鲁氏菌病的临床症状及分期见表 3-1。

表 3-1　布鲁氏菌病临床症状及分期

分期	急性期	亚急性期	慢性期	残余期
发病时间	3个月以内	3～6个月	6个月以上	
主要临床表现	肌肉、关节疼痛，发热，寒战，多汗，头痛，乏力，神经痛，肝、脾、淋巴结、骨关节肿大，软组织肿胀，睾丸疼痛、肿胀，食欲减退，有睡眠障碍等	低热，肌肉、关节疼痛，发热，寒战，多汗，头痛，乏力，神经痛，肝、脾、淋巴结、骨关节肿大，软组织肿胀，睾丸疼痛、肿胀，食欲减退，有睡眠障碍等	乏力，关节疼痛，活动障碍，低热，精神萎靡，表情淡漠，烦躁不安，面色苍白，潮湿多汗，肝、脾肿大，心悸等	体温正常，症状、体征较固定，或功能障碍往往因气候变化而变化，劳累过度时加重

二、人感染结核病的症状

结核病是一种慢性传染病，由结核分枝杆菌引起，除头发和指甲外全身各系统、各脏器都能被感染。其中，以肺结核为最常见的类型，痰涂片镜检阳性的肺结核病患者是结核病的主要传染源。

肺结核病患者多数发病缓慢，部分患者早期可能无明显症状。随着病情的进展，患者会表现出咳嗽、咳痰、咳血痰或者咳血症状，易盗汗、疲乏，间断或者持续性午后低热，背部酸痛，食欲不振，体重减轻，女性患者可伴有月经失调或闭经，部分患者可表现为反复发作的上呼吸道症状，儿童可表现为发育迟缓等。

根据《肺结核诊断》，咳嗽、咳痰≥2周，咳血或血痰，具有以上任何一项症状，都可主动前往结核病定点医院就诊。

除了病情发展缓慢外，少数肺结核患者发病急剧。特别是出现急性血行播散性肺结核、干酪性肺炎及结核性胸膜炎时，多伴有中、高度发热及胸痛和不同程度的呼吸困难等；而患有支气管结核时，咳嗽较剧烈，持续时间较长；如果支气管淋巴瘘形成并破入支气管阻塞气道，或者支气管结核导致气管或支气管狭窄，则会伴有气喘和呼吸困难。

除了肺结核外，在肺外结核中，结核性脑膜炎患者可表现为头痛、意识障碍；肠结核患者可表现为腹痛和腹泻等；腹腔结核患者可表现为腹部压痛、揉面感；骨结核患者可表现局部肿胀、破溃、活动障碍等。

三、布鲁氏菌病和结核病的易感人群

（一）布鲁氏菌病的易感人群

人群对布鲁氏菌病普遍易感，与高发人群和传染源、传播因子密切接触的概率、程度有关。布鲁氏菌病患者可重复感染。布鲁氏菌病在人群中的传播流行，离不开传染源、传播途径及传播因子、易感人群。

1. 传染源 布鲁氏菌的贮存宿主很多，目前已知有60多种动物（家畜、家禽、野生动物、驯化动物、海洋动物）。布鲁氏菌病往往是先由发病动物传播至动物群体，然后同时或者随后传给人类。各类患病动物都是人布鲁氏菌病的传染源，但主要传染源是与人关系较为密切的家畜。

（1）家畜

①羊 羊作为传染源的意义最大。绵羊、山羊都对布鲁氏菌均易感，羊大部分被羊种布鲁氏菌感染，也有少部分被牛种布鲁氏菌和猪种布鲁氏菌感染，绵羊还会被绵羊附睾种布鲁氏菌感染。羊流产后的1～3个月，能从其乳汁、尿液、阴道分泌物中分离出布鲁氏菌，甚至在患病母羊产羔1年后，仍然能从乳汁中检出布鲁氏菌。羊流产的胎盘和流产羔羊中含有的大量布鲁氏菌，是造成人感染布鲁氏菌病的重要原因。调查显示，我国人布鲁氏菌病的主要传染源是羊。

②猪 猪对布鲁氏菌易感，病猪或带菌猪是主要传染源。病菌主要存在于被感染母猪所产的胎儿、胎衣、乳房及淋巴结中。猪种布鲁氏菌对人的致病性仅次于羊种布鲁氏菌。

③牛 奶牛、黄牛、水牛、牦牛对布鲁氏菌均易感，牛布鲁氏菌病多由牛种布鲁氏菌引起。人感染牛种布鲁氏菌后，仅有极少数的人出现明显的临床症状，且症状较轻。牛作为布鲁氏菌病的传染源，对人的致病意义小于羊和猪。

④其他畜禽 犬对布鲁氏菌的易感性很高，能被羊种、牛种、猪种布鲁氏菌感染。许多牛、羊群都与犬混养，犬食用牛、羊、猪的流产物后会感染而发病。犬还能被犬种布氏菌感染，病犬与人接触后会将布鲁氏菌传染给人。因此，病犬作为人和家畜布鲁氏菌病的传染源不可忽视。鹿、马属动物、骆驼等均对布鲁氏菌易感，它们发病后可相互感染并传染给人，但与羊、猪、牛、犬相比传染的意义较小，猫、其他家畜和家禽传染的意义则更小。

（2）野生动物 野羊、野牛、野猪、斑马、狼、野兔、狐狸、野鼠等多种野生动物都能被布鲁氏菌感染，它们患病后可在野生动物之间相互传播，人接触发病的野生动物后也会发病。

某些冷血动物（蜥蜴、青蛙、乌龟、鱼类）及媒介生物（硬蜱、软蜱、螨、虱、蚊子）在试验条件下均能被布鲁氏菌感染，但是它们对于传播布鲁氏菌病的意义很小。

（3）布鲁氏菌病患者 布鲁氏菌病患者可以从乳汁、尿、阴道分泌物、血液、脓汁排出布鲁氏菌。理论上认为与患者有非常密切的接触时可感染发病，但目前无确切证据表明布鲁氏菌病能在人与人之间传播，绝大多数病人是通过接触家畜及其产品而感染发病的。

2. 传播途径及传播因子　布鲁氏菌的传播途径较多，可以通过体表皮肤黏膜、消化道和呼吸道等侵入机体。人的感染途径与职业、饮食、生产生活习惯有关。

（1）经体表皮肤黏膜感染　病畜及其产品或者流产物，可通过破损的皮肤和黏膜直接感染人，这是人感染布鲁氏菌病最主要的方式。这种感染多见于与畜牧兽医、饲养放牧人员、畜产品加工工作人员及从事布鲁氏菌病研究的科技人员。经皮肤黏膜（包括眼结膜）接触感染常发生于以下情况：处理病畜生产；检查患病牲畜；饲养病畜；接触病畜的排泄物（尿、粪等），如清扫畜圈舍；屠宰病畜、剥皮、切肉、分离内脏等；剪羊毛或从事皮毛加工；挤奶或者加工病畜所产的奶制品；采取病畜、病人的血液及病理样本；直接或间接接触被病畜污染的水、土壤、草料、棚圈、工具用品等；从事布鲁氏菌试验操作及制备布鲁氏菌疫苗、抗原、抗血清等生物制剂。

（2）经消化道感染　主要通过食用病畜生肉、内脏或者不熟的肉，饮用病畜生乳或者被布鲁氏菌污染的水源而感染发病。

（3）经呼吸道感染　包括：直接吸入被布鲁氏菌污染的尘埃、飞沫；生产冻干菌、疫苗；实验室工作人员吸入含有布鲁氏菌的气溶胶。

（4）混合感染　许多感染是因在劳动过程中接触了病畜及其产品，既有吸入又有直接用手接触，造成呼吸道和消化道的混合感染。此种感染在牧区、半农半牧区尤为多见。

布鲁氏菌由传染源排出，进入易感者体内之前，在外环境中必须依附于一定的媒介物（如空气、水、食物、蝇、日常生活用品等），这些参与病原体传播的媒介物称为传播因子。病畜的流产物、乳、肉、皮、毛等污染水源、土壤后均可作为传播因子而传播布鲁氏菌。

3. 易感人群

（1）人群对布鲁氏菌的易感性　人群对布氏菌普遍易感,男性明显高于女性,青壮年高于其他年龄段,学龄前儿童及老年人的感染率低,牧区、半农区高于农区,但这并不能表明人群对布鲁氏菌病的易感性有性别、年龄及地域差异。不同人群布鲁氏菌病感染率的高低,取决于其接触牲畜等传染源的概率,不同人群无易感性的差异。密切或者频繁接触传染源和传播因子的人群易成为布鲁氏菌病的高发人群。

由于家畜配种、生产有季节性，因此人发病易形成明显的季节性，发病高峰期集中在每年的3—8月。

（2）患者治癒后对布鲁氏菌的易感性　布鲁氏菌病患者治愈后，如果再次接触感染源还能再次感染。

（二）结核病的易感人群

结核病的易感人群是指未受到结核分枝杆菌的自然感染，也没有接种过卡介苗的人群。未受到结核分枝杆菌感染的人一旦受到传染，则具有普遍的易感性，进入人体的结核分枝杆菌会引起机体的免疫与变态反应。

人体对结核分枝杆菌的自然免疫力是非特异性的，目前投入使用的疫苗只有卡介苗。卡介苗是由一种减毒活牛结核分枝杆菌制成的疫苗，主要接种对象为新生儿。基本原理是通过接种卡介苗，使未受到结核分枝杆菌感染的儿童产生一次轻微的没有临床发病危险的原发感染，产生一定的特异性免疫力，主要用于预防和减少儿童结核病，特别是用于预防结核性脑膜炎、血行播散性结核病等重症结核病。儿童接种卡介苗产生的免疫力会随时间而自然消退，到14～15岁时卡介苗几乎再无保护作用。而成年人接种卡介苗也几乎无法产生保护作用，因此不建议成年人再接种卡介苗。

1. 传染源 结核病的主要传染源为痰涂片阳性的肺结核病患者，当病人咳嗽、打喷嚏或者大声说话时，肺部病灶中的结核分枝杆菌便随呼吸道分泌物形成的飞沫排到空气中，健康人吸入后便会受到感染。许多肺外结核（如骨结核、肾结核、腹腔结核等）患者，感染后病变的部位主要在体内，结核分枝杆菌被排出体外的可能性极小，即使排出也不易播散到空气中。因此，这类患者很难造成结核分枝杆菌的传播，不是结核病的主要传染源。

2. 传播途径 结核病的传播途径主要包括飞沫传播、再生气溶胶传播及消化道传播。

（1）飞沫传播 人在咳嗽、打喷嚏（喷嚏时一次可喷出1～40 000个飞沫）或说话时会向空气中排出大量飞沫，直径大于100μm的飞沫会落在地上，而大量较小的飞沫则在空气中悬浮，水分蒸发后会成为悬浮于空气中的微滴核（飞沫核）。直径为1～10μm的飞沫核在空气中可悬浮数小时，并扩散至数米外，处在这个环境中的人群吸入的较大飞沫核将受阻于上呼吸道、气管、支气管或小支气管，而直径在2μm以下的飞沫核可以进入肺泡。离传染源越远，飞沫越少。因此，近距离接触咳嗽、打喷嚏的肺结核病患者受感染的概率更大。

（2）再生气溶胶传播 涂片阳性的肺结核病患者其痰中含有大量结核分枝杆菌，痰液暴露于空气中干燥后形成的再生气溶胶会随尘埃在空气中传播。因尘埃中菌量较少，且在空气中受阳光直接/间接照射时的存活量较少，所以其感染性会降低，但危害性依然不容忽视。

（3）消化道传播 结核病是人兽共患病，和动物接触后，人既可将肺结核病传播给动物，也可被患结核病的动物所传染。人饮用未经消毒的患结核病奶牛所产的牛奶，便有感染结核病的可能性。

3. 重点感染人群　由结核病的传染源和传播途径可见，在人群密集的室内，结核分枝杆菌更易在人间传播。结核病感染的重点人群包括学生、工矿企业人群、医务人群和羁押场所人群。

第二节　人感染布鲁氏菌病和结核病的防治

一、人感染布鲁氏菌病的防治

预防和控制布鲁氏菌病是一项长期而艰巨的任务，必须要贯彻“预防为主，防治结合，联防联控”的基本方针。

（一）人间布鲁氏菌病的预防

只有加强督导和检查，确保各项防控措施落到实处，才能做好布鲁氏菌病的防治工作。人间布鲁氏菌病的预防和控制措施，主要包括健康教育宣传、人间布鲁氏菌病监测、职业人群个人防护和人群预防接种。

1. 健康教育宣传　健康教育宣传是预防和控制布鲁氏菌病的有效手段。政府及相关部门应对健康教育工作高度重视，制定布鲁氏菌病防治的相关政策及方案，并给予相应的经费、人力、物力保障。卫生行政部门和疾病预防控制中心负责具体健康教育宣传，农牧民、兽医、屠宰加工人员、畜产品接触人员及相关餐饮业从业人员是重点宣传的群体。近年来，城市居民感染布鲁氏菌病的比例呈上升趋势，这部分人群也是布鲁氏菌病宣传的对象。宣传内容以布鲁氏菌病防治的基础知识为主，宣传形式可以灵活多样，可利用广播、电视、出版物、微信公众号等多种媒体。

2. 人间布鲁氏菌病监测

（1）监测目的　掌握本地布鲁氏菌病疫情流行病学特征及其变化趋势，及时发现和处理疫情；掌握布鲁氏菌病病例的感染来源和危险因素；了解布鲁氏菌病病例的病原学特征。

（2）监测内容和方法　每年针对重点职业人群开展血清学监测和病原学监测，同时收集畜间疫情资料，开展病原学监测。病原学和血清学检查结果阳性者应当由临床医生进一步明确诊断，及时治疗。

（3）数据收集、分析与反馈　每年各地、市、州将监测数据汇总后上报省级疫病预防控制中心，省级疫病预防控制中心可以周、月或年为周期定期对辖区布鲁氏菌病监测数据进行分析，统计分析内容包括发病情况、病例分布情况、重点人群感染状况和病原学监测结果。可结合畜间监测结果及流行因素作出风险评估，提出相应的措施和建议，并反馈给各地疫控中心及相关医疗机构。

3. 职业人群个人防护　饲养、管理、屠宰家畜的人员，畜产品收购、保管、运输及加工人员，兽医人员，从事布鲁氏菌病防治科研和生物制品研究和生产人员，以及其他临时或长期接触家畜、畜产品的人员是受布鲁氏菌病威胁的重点人群，因其与职业相关，故也称职业人群。提高职业人群的个人防护能力，减少布鲁氏菌病感染，是布鲁氏菌病防治的重要环节。

（1）*饲养人员个人防护* 进入圈舍的工作人员应佩戴口罩，防止布鲁氏菌经呼吸道感染。饲养人员应经常晾晒圈舍，及时清理粪便、污物等，定期进行消毒，并将家畜粪便运到粪坑或远离水源的地方集中堆放或泥封，经过生物发酵，杀灭病原体后再用作肥料。

（2）*接产人员个人防护* 接羔（犊）助产人员，在接羔（犊）助产和处理流产胎儿、死羔（犊）时，应重点做好个人防护。个人防护装备有工作服、橡皮围裙、帽子、口罩、胶靴、乳胶手套、接羔（犊）袋、消毒液等。接产过程中严禁赤手抓或拿流产物，接产后应立即清洗消毒；禁止随意丢弃家畜的流产胎儿、胎盘、胎衣或死胎等；不得食用流产胎羔（犊）或作为他用（如作为原料进行加工、销售）；禁止用死羔（犊）饲喂其他动物，要通过深埋或焚烧等方法进行无害化处理。

（3）*皮毛处理人员个人防护* 剪毛、收购、保管、搬运和加工皮毛的人员，应做好个人防护，不要赤手接触皮毛，工作后应洗手、洗脸和洗澡，工作场地应及时清扫、消毒。如工作时受伤，则应及时处理伤口。来自布鲁氏菌病疫区的皮毛应在收购地点进行消毒、包装，并经表面消毒后外运，加工前应再次进行消毒。

（4）*屠宰加工人员个人防护* 屠宰厂严禁宰杀病畜，畜产品加工企业严禁加工和销售病畜的肉、乳等。发现布鲁氏菌病患畜时，应采取焚烧或深埋等无害化处理措施。屠宰场、产品加工厂应经常进行消毒和清扫，及时处理污水、污物和下脚料等，并做好工作间的通风处理。

（5）*布鲁氏菌病防治人员个人防护* 该类人员要求具有专业知识，有布鲁氏菌病流行与预防的相关知识，熟练掌握动物保定、疫苗免疫和样品采集技术。

规范操作包括：遵守养殖场（户）出入的隔离消毒规定，防止通过人员活动造成布鲁氏菌病传播。出入养殖场必须更换防护服和手套并做好胶靴的消毒。进场前，应先穿戴工作服、手套、口罩、防护镜等；疫苗接种、采样结束后，应及时更换衣服，并清洗消毒。尽可能用物理限制设备保定动物，既能保证人的安全，又能保证动物的安全。做好采样器械的消毒，避免注射过程的交叉污染或样品的交叉污染。免疫接种后对剩下的疫苗、空疫苗瓶等进行烧毁或深埋，注射器械及时进行煮沸消毒，对饮水免疫的水槽进行浸泡消毒，注射用针头及采样用刀片等尖锐物品应消毒处理。剖检病死动物时要在隔离区或实验室内进行，采样后的动物尸体、废弃物等采取烧毁或深埋等无害化处理措施。

（6）*实验室科研人员个人防护*　原则是防止布鲁氏菌或被污染的材料接触眼、鼻、口、黏膜和损伤的皮肤等。一是使受到污染的物品远离口和损伤的皮肤。二是操作被布鲁氏菌污染的物品时，尽量使用机器人技术或用工具代替人工操作，或使用自动化细菌培养设备，现场操作则需戴手套、口罩。三是进行布鲁氏菌液的特定操作（如匀浆、研磨、离心、接种）时，可能发生迸溅并产生飞沫，需要戴防护镜和呼吸罩。

（7）*检疫人员个人防护*　检疫人员参照防治人员、实验室人员个人防护相关内容执行。

4. 人群预防接种　保护易感人群的方法之一就是让人群接种布鲁氏菌疫苗。但是目前布鲁氏菌疫苗的保护力有限，持续时间较短，连续使用有可能产生一定的不良反应。因此，不提倡大范围内接种疫苗，仅用于布鲁氏菌病暴发或流行时严重受威胁的人群，或者在紧急状况下如遭受恐怖袭击等的人群。目前，我国人用疫苗是104M冻干活疫苗，其具有典型的牛种1型布鲁氏菌的特性，具有较好的保护力。104M冻干疫苗采取皮上划痕接种法，接种后不宜在阳光下暴晒，避免手和衣袖的摩擦，暴露5min后再放下衣袖。多数人皮上划痕接种后无反应，但少数人在划痕处出现轻微红肿或体温升高（很快消失）。此疫苗免疫期为1年。以下人群不能接种104M冻干活疫苗：①皮内变态反应或细菌培养阳性者；②皮内变态反应或细菌培养虽然为阴性，但具有典型的布鲁氏菌病临床症状者；③妊娠和哺乳期妇女；④合并有严重的肾脏、肝脏疾病，活动性结核，心脏代偿功能不全者；⑤急性传染病和发热患者。

（二）人间布鲁氏菌病的处置

发现人间布鲁氏菌病疫情以后，各级疾病预防控制中心要及时对疫情进行调查和现场处置，主要包括控制传染源、切断传播途径和保护易感人群。

1. 控制传染源　病人作为传染源的意义不大，无需隔离。布鲁氏菌病的主要传染源是病畜，病畜通过各种途径向外排菌，易引起人间布鲁氏菌病的发生和流行。因此，控制传染源是防控布鲁氏菌病的最主要环节。我国布鲁氏菌病的主要传染源是羊、猪、牛，其次为犬和鹿。

发现疑似布鲁氏菌病病畜后，畜主应立刻将其隔离观察并报告动物疫病预防控制中心，当地动物疫病预防控制中心工作人员要及时到现场进行调查核实，包括流行病学调查、临床症状检查、病例解剖、采集相关病料标本、实验室诊断等，并且根据流行病学调查和实验室诊断结果采取相应的措施。确诊畜间布鲁氏菌病后，按照《病死动物无害化处理技术规范》对病畜作无害化处理，以消除传染源。

2. 切断传播途径 传播是疫病流行过程中一个非常重要的环节，只有切断传播途径才能使疫病流行不再继续。布鲁氏菌通过各种传播因子（流产胎儿、乳、皮毛、肉、排泄物、水、土壤等）侵入人体，引起感染和发病。

各类被布鲁氏菌污染的食品（肉、乳、蛋等），应一律销毁；对病畜污染的场所、交通运输工具、物品、工具等，一律给予严格的消毒处理，饲养场的金属设施、设备可用火焰或者熏蒸的方法消毒；圈舍、场地、车辆可用10%～20%的石灰乳、10%～20%的漂白粉乳、1%～3%的来苏儿溶液等消毒；饲料和料垫可采取深埋发酵法或者焚烧法处理；粪便采取堆积密封发酵的方式消毒；皮、毛消毒用环氧乙烷和福尔马林熏蒸。

3. 保护易感人群 对发病地区人群做好布鲁氏菌病防治工作的宣传和防控技术培训，普及布鲁氏菌病防治知识，提高高危人群的自我防护意识，改变不良的生产生活方式。指导专业技术人员规范开展防治工作，加强个人防护，避免感染。定期开展专项健康体检和布鲁氏菌病筛查，做到早发现、早诊断、早报告、早治疗。根据疫情形势和防控工作需求，对高危人群发放手套、口罩、工作服等防护用具和消毒药品，必要时对高危人群接种疫苗。

（三） 布鲁氏菌病治疗

布鲁氏菌病是一种传染-变态反应性疾病，治疗时应尽快消灭病原体，防止疫病由急性转为慢性，减少复发，消灭后遗症。治疗中应遵循以下几条原则：早期用药，彻底治疗；综合疗法；中西医结合。

1. 一般治疗 注意休息，补充营养，维持水及电解质平衡。高热者可用物理方法降温，持续不退者可用退热剂等对症治疗。

2. 抗菌治疗 治疗原则为早期、联合、足量、足疗程用药，必要时延长疗程，以防止复发及慢性化。常用四环素类、利福霉素类药物，亦可使用喹诺酮类、磺胺类、氨基糖苷类及三代头孢类药物。治疗过程中注意监测血常规及肝、肾功能等。

3. 中医药治疗 布鲁氏菌病属于中医湿热痹症，因其具有传染性，故可纳入湿热疫病范畴。本病系感受湿热疫毒之邪，初期以发热或呈波状热、大汗出而热不退、恶寒、烦渴，伴全身肌肉和关节疼痛、睾丸肿痛等为主要表现；继而表现为面色萎黄，乏力，低热，自汗、盗汗，心悸，腰腿酸，困，关节屈伸不利等。其基本致病机理为湿热痹阻经筋、肌肉、关节，耗伤肝、肾等脏腑。

二、人感染结核病的防治

（一） 结核病感染与发病

结核病是一种传染性疾病，主要通过咳嗽和痰传播。因此，既要反对他人随地吐痰，又要严格要求自己不要随地吐痰。

感染结核分枝杆菌后，仅有很少一部分人会发病，这与感染菌的数量和感染者的抵抗力有关。感染菌数量越多，病人免疫力越低，感染后发病的概率就越大。

有些病人感染后会迅速生病，成为结核病患者。另外一部分感染者，感染的结核分枝杆菌为抵抗力所控制，处在休眠状态，此为结核病潜伏感染状态，表现为免疫学检测为阳性，而没有活动性结核病的临床表现及影像学改变。但是当出现营养不良或患其他疾病（如感染艾滋病）或某些原因降低免疫力时，结核分枝杆菌将趁机繁殖进而引起感染者发病。在潜伏感染状态，病人可通过化学药物治疗而预防发病，若不进行治疗则会有5%～10%的感染者发展成活动性结核。对潜伏感染者进行早期识别和治疗，对结核病的防治有极大作用。大多数人感染结核分枝杆菌后，其身体的抵抗力会杀灭所有结核分枝杆菌，因而不会发展成病人。

（二）结核病预防

对结核病的预防，主要包括卡介苗预防接种和潜伏性感染的化学性预防，以及患者家庭的隔离与消毒。

1. 卡介苗预防接种 卡介苗为减毒活疫苗，是我国计划免疫预防接种的疫苗之一，接种对象为出生3个月以内的婴儿或3个月至3岁龄的PPD阴性儿童。由于婴儿早期对卡介苗的耐受性更好，因此卡介苗越早接种越好，要求婴幼儿在12月龄内完成接种。虽然卡介苗并不能防止大部分成年人结核病的发生，但儿童接种后可产生一定水平的特异性抵抗力，可以减少感染结核分枝杆菌的机会，并在自然感染结核分枝杆菌时可以限制其生长繁殖，在一定程度上起到预防结核病，特别是结核性脑膜炎和血行播散性结核病等重症结核病的作用。WHO建议在结核病发病较高的国家，所有婴儿出生后应尽快接种卡介苗。对接种卡介苗的儿童，卡介苗的效力可持续14～15年，随时间的推移，其免疫力会逐渐失去。

根据《中华人民共和国药典》，卡介苗接种的禁忌证包括：已知对该疫苗的任何成分过敏者；患急性疾病、严重慢性疾病、慢性疾病的急性发作期和发热者；免疫缺陷、免疫功能低下或正在接受免疫抑制剂治疗者；患脑病、未控制的癫痫和其他进行性神经系统疾病者；妊娠期妇女；患湿疹或其他皮肤病患者。

对HIV抗体阳性母亲所生儿童应暂缓接种卡介苗，当确认儿童HIV抗体阴性后再予以补种；儿童确认为HIV抗体阳性时，不予接种卡介苗。

2. 潜伏性感染的化学预防性治疗 结核病潜伏性感染者缺乏特异性症状，目前对其诊断仍缺少统一的标准和方法，常用的诊断方法主要包括结核菌素皮内变态反应、γ-干扰素释放试验。我国主要对以下对象建议给予抗结核药物预防性治疗：HIV 感染者及有 HIV 感染危险因素怀疑为 HIV 感染者；家庭内与新发现传染源有密切接触的结核菌素试验阳性（特别是强阳性）的少年儿童；结核菌素试验阳性、X 线提示有非活动性病变，且以前没有经过抗结核药物治疗者；新感染病例，特别是 5 岁以下婴幼儿或青春期结核菌素试验强阳性者；结核菌素试验强阳性，处于结核病高发范畴内，如长期服用皮质激素或其他免疫抑制剂治疗者，长期进行放射治疗并有非活动性结核病病变者，有糖尿病、尘肺病、慢性营养不良和胃肠手术后等；某些职业的结核菌素试验强阳性者，如新入伍士兵、接触结核病的新进医务工作者等。

3. 患者家庭的隔离与消毒　患者作为传染源，与其进行密切接触者有被感染的可能性，因此家庭的隔离与消毒非常重要。

（1）*卧具、衣物等的消毒*　直射的阳光 5min 可杀死结核分枝杆菌，暴晒是杀死结核分枝杆菌最方便的办法；床单和衣物也可用开水煮沸后单洗单放；毛巾、口罩、碗、筷等在开水中煮沸 10min 及以上可杀灭结核分枝杆菌。

（2）*痰液的处理*　病人最好将痰吐在手纸内，或者吐在纸杯、塑料袋等一次性用品中再集中烧掉，也可将痰吐在消毒液中浸泡进行杀菌（用 1%的次氯酸钠溶液可迅速杀死结核分枝杆菌）。

（3）*环境卫生*　保持室内通风，结核病患者最好分房单住，不乱吐痰，咳嗽时用手纸或手卷捂住口、鼻，并把头转向别处，不对着他人打喷嚏，不高声说话，和他人说话时保持 1m 以上距离。

（4）*家人卫生*　在照顾结核病患者后要注意充分洗脸、洗手，并清洁鼻腔和漱口。

（三）结核病检查

具有结核病可疑症状的病人，需要进行结核病检查，包括实验室病原学检查、影像学检查、组织病理学检查和免疫学检查等。

1. 实验室病原学检查　从病人痰液、支气管肺泡灌洗液、肺及支气管活检标本、脓液、尿液、胸腹水、脑脊液等标本中检测出结核分枝杆菌，是结核病病原学诊断的直接证据，包括涂片染色镜检、分离培养检查和分子生物学检查。

（1）*涂片染色镜检*　有萋-尼抗酸染色法、荧光染色法和液基夹层杯结核分枝杆菌检测法，不过涂片染色不能区分结核分枝杆菌和非结核分枝杆菌。

（2）*分离培养检查*　包括罗氏培养基的固体培养和基于液体培养基的液体培养，灵敏度比涂片染色镜检更高。

（3）*分子生物学检查*　基于对结核分枝杆菌特定基因检测的方法，常用的技术包括荧光定量 PCR、GeneXpert MTB/RIF、线性探针杂交技术、基因芯片、环介导等温扩增、RNA 恒温扩增、熔解曲线法等。其中，GeneXpert

MTB/RIF 可以同时检测结核分枝杆菌的利福平耐药，线性探针杂交技术和基因芯片可以检测菌株的异烟肼和利福平耐药，熔解曲线法可以检测异烟肼、利福平、乙胺丁醇耐药。

2. 影像学检查　病原学检查是结核病诊断的直接依据，但不是所有肺结核病患者都可以得到病原学证实。在没有病原学依据时，胸部 X 线检查（胸片、胸部 DR/CR）是肺结核的主要诊断依据之一，影像学检查也是骨结核、腹腔结核等的诊断手段。肺结核的可疑症状者，可直接拍胸片检查。影像学诊断的特异性远低于细菌学检查，需密切结合临床和实验室检查结果进行综合分析，排除肺部其他疾病干扰。

3. 组织病理学检查　组织病理学标本包括经皮针吸活检、经支气管镜肺活检、经胸腔镜行胸膜和肺活检，以及开胸胸膜和肺活检等，对组织病理学标本检测是确诊肺结核和肺外结核的重要手段。

4. 免疫学检查　免疫学检查包括结核菌素试验、γ-干扰素释放试验和结核分枝杆菌抗原抗体检查。

（1）结核菌素试验　是指通过皮内注射结核菌素，并根据注射部位的皮肤状况诊断结核分枝杆菌感染所致Ⅳ型超敏反应的皮内试验，是判断机体是否感染过结核分枝杆菌的主要方法，它在判断结核分枝杆菌的自然感染和卡介苗接种后反应、结核分枝杆菌和非结核分枝杆菌的感染上有一定局限性。且当病人营养不良或者存在 HIV 感染或者患有严重结核病时，结核菌素试验可呈弱阳性或阴性。

（2）γ-干扰素释放试验　指通过采用酶联免疫吸附/斑点的方法定量检测全血/外周血单核细胞在结核分枝杆菌特异性抗原刺激下释放 γ-干扰素的水平，来诊断结核分枝杆菌的潜伏性感染情况和辅助诊断结核病。

（3）结核分枝杆菌抗原抗体检查　是通过结核血清学试验来检测结核抗原抗体、结核特异性免疫复合物。但因结核分枝杆菌感染引起的是细胞免疫，所以该技术的敏感性和特异性都不太理想，只对诊断起参考作用。

（四）结核病诊断

结核病的诊断是以细菌学为主，结合影像学、病史、临床表现、必要的辅助检查和鉴别诊断，进行综合分析作出。

按照最新修订的《肺结核诊断标准》（WS 288—2017），肺结核分为疑似病例、临床诊断病例、确诊病例。

（五）结核病治疗

结核病患者一经确诊，应及时进行治疗。治疗时，应遵循“早期、联合、适量、规律、全程”的原则，治疗过程分为强化治疗期和继续治疗期。

结核病患者的治疗可分为初治和复治。初治是指从未因结核病应用过抗结核病药品治疗或用药不超过1个月的患者，或正按照标准化治疗方案规律用药而未满疗程的患者。复治是指因结核病不合理或不规律用抗结核病药品治疗超过1个月的患者，或初治失败和复发的患者。抗结核病治疗的方案，常用的一线和二线抗结核病药物包括异烟肼、链霉素、利福平、利福喷汀、乙胺丁醇、对氨基水杨酸、吡嗪酰胺等。

三、疑似感染布鲁氏菌病和结核病的处理

（一）从业人员疑似感染和确认感染布鲁氏菌病及疑似感染结核病的处理

1. 疑似感染和确认感染布鲁氏菌病的处理

（1）*疑似感染布鲁氏菌病的处理* 从业人员如出现持续数日乃至数周发热（包括低热）、多汗、乏力、肌肉和大关节游走性疼痛等症状，可怀疑感染了布鲁氏菌病，应及时到医院就诊。临床医生根据实验室细菌学检查（包括从血液、骨髓、关节脓液、其他体液或排泄物中培养细菌）、血清抗体检测（虎红凝集试验和试管凝集试验）等结果，诊断是否感染了布鲁氏菌病。若确诊为布鲁氏菌病感染，则应按照《布鲁氏菌病诊疗指南（试行）》方案对病人进行及时、规范的治疗。

（2）*确认感染布鲁氏菌病的处理* 从业人员确认感染布鲁氏菌病后，应该按照上一节中人间布鲁氏菌病的处置方法进行处理。

2. 疑似感染结核病的处理 从业人员如出现咳嗽、咳痰时间超过2周，或痰中带血或咳血，或有反复发作的上呼吸道感染等症状；或出现结核性胸膜炎的有刺激性咳嗽、胸痛和呼吸困难等症状；或有气管、支气管结核的刺激性咳嗽且持续时间较长等症状，可怀疑感染了结核病，应及时到结核病防治机构或结核病定点医院就诊。通过包括细菌学检查、影像学检查和免疫学检查等，由临床医生诊断是否感染了结核病。若确诊为结核病，则应按照结核病的规范化治疗方案进行治疗。

（二）散养户布鲁氏菌病和结核病的预防

1. 布鲁氏菌病的预防

（1）*强化宣传教育* 疾病预防控制中心应和动物疫病预防控制中心密切协作，加强对散养户的布鲁氏菌病知识宣传和健康教育，普及人兽共患布鲁氏菌病临床表现、病因、危害及基本防治知识，宣传良好的卫生和生活习惯，做到不吃生肉、不喝生奶，科学饲养各类家畜。发现病畜，应及时联系兽医人员。接触家畜前做好个人防护，避免被病畜感染。

（2）*加强个人防护及消毒* 配备基本的防护装备，如口罩、帽子、围裙、

工作服、手套、套袖、胶鞋或胶靴等，工作结束后应就地脱下防护装备，洗净消毒。工作服、帽子、口罩可用高温煮沸或来苏儿溶液浸泡消毒，橡胶手套、胶靴可用来苏儿溶液或者戊二醛溶液浸泡，用肥皂、高锰酸钾、升汞液或者含氯消毒剂等消毒液洗手。

2. 结核病的预防　结核病主要通过呼吸道传播，且人和牛可互相交叉感染。散养户应保证牛舍通风良好，并每年对牛进行结核菌素筛查和症状观察，将病牛进行扑杀处理，防止病牛的结核病在牛间和人间传播。散养户应对自身身体进行症状观察，如有结核病疑似症状，应及时就医。若确诊为结核病，则应在治疗痰菌转阴前远离牛舍，以免将结核病传染给牛；若没有结核病疑似症状，也应每年进行体检。体检时可选择结核菌素试验或X线胸片检查，确保没有感染结核病。若有结核病感染，但并未发病，可进行预防性治疗。

结核病的发病与感染者的免疫力有关，免疫力越强，发病概率越低。散养户可通过合理饮食等方式增强免疫力，预防结核病。

第三节　养殖环节布鲁氏菌病和结核病的预防

一、规模养殖场布鲁氏菌病和结核病的预防

（一）布鲁氏菌病的预防

规模养殖场饲养的畜禽数量庞大，员工数量多，车辆、人员往来频繁，更应该做好布鲁氏菌病的防控工作。

1. 建立健全养殖场规范性条例　规模养殖场应该建立养殖场的规范性条例并严格按照执行。

2. 强化宣传教育　养殖场管理人员应了解布鲁氏菌病的基本防治知识，并对员工进行布鲁氏菌病知识的宣传教育及规范化的操作培训。

3. 加强卫生管理，注重个人防护和消毒　同职业人群个人防护。

4. 检疫及监测　严格执行《畜禽产地检疫规范》，对新引入的家畜家禽进行检疫，便于及时检出患病家畜家禽。定期对场内家畜进行布鲁氏菌病抗体检测，避免布鲁氏菌病传染给其他家畜或者人。

5. 健康体检　每年对全体工作人员进行一次健康体检并做布鲁氏菌病血清抗体检测，了解员工身体状况，必要时可申请做职业性传染病鉴定。对新入职工作人员进行布鲁氏菌病相关检测。

（二）结核病的预防

规模养殖场工作人员结核病的预防同散养户结核病的预防。工作人员入职

时，应对其进行结核病知识宣讲，保证其在有结核病疑似症状时能在第一时间就医。如确诊为结核病，则应让其在治愈前不要做与牛接触的工作，并单独住宿，与其有密切接触的工作人员也应进行结核病筛查。

养殖场每年组织工作人员进行体检，内容应包含结核病结核菌素试验或X线胸片筛查。

二、基层动物防疫队伍在布鲁氏菌病和结核病方面的防治工作

（一）对在布鲁氏菌病的防治工作

布鲁氏菌病作为一种人兽共患病，家畜（主要是羊、猪、牛等）是布鲁氏菌的储存宿主，病畜是布鲁氏菌病最重要的传染源，基层动物防疫队伍在布鲁氏菌病防治工作中具有非常重要的作用。

1. 加强同卫生部门的协作，联防联控 基层动物防疫队伍要加强与卫生部门的沟通协调，完善人兽共患病的联防联控机制，建立信息共享平台，定期通报畜间布鲁氏菌病监测情况，发生疫情时要积极主动通报信息。

2. 加强畜间布病检疫及监测，做好防控措施 结合实际，以羊、猪、牛等家畜为重点，严格按技术规范要求，制订科学的布病监测和流行病学调查计划，并组织开展监测和流行病学调查，与动物防疫部门建立互通平台。对已监测到阳性的县（市、区）要持续跟踪监测，对已监测到阳性的养殖场或者散养的家畜要进行全群重点监测，并将病畜隔离饲养，直到全群监测为阴性后才能解除隔离。对初次监测到阳性的县（市、区）要及时开展流行病学调查，追溯来源，查找原因，掌握疫病动态，分析发展趋势，做好防控措施。

3. 加强个人防护，确保安全 加强对职业人群的宣传、培训，提高个人防护能力，避免感染。

（1）对养殖、屠宰等生产一线人员，加强布鲁氏菌病防控基本知识、个人防护措施的宣传和教育，提高他们的防护意识和防护能力。

（2）对从事防疫、检疫和实验室检测的兽医人员加强培训，规范免疫注射、样品采集、病原学分离培养、血清抗体筛查、屠宰加工、调运检疫等程序，降低专业技术人员感染布鲁氏菌病的风险。

（二）基层动物防疫队伍在结核病的防治工作

基层动物防疫工作者，不仅要负责对动物进行免疫实施，对基层疫情进行监测、收集与回报，而且还要对防疫知识与技术进行宣传与推广。在结核病的防治中，基层动物防疫工作人员的工作主要包括以下几点：

1. 定期给奶牛进行检疫 开展结核病检疫工作，及早发现病牛，防止结核病疫情在牛间和人间传播。对检疫合格的奶牛发放健康证，对疑似结核病的

奶牛进行隔离后复检，对结核病阳性奶牛及时作无害化处理。

2. 对奶站加强管理　奶牛凭健康证进站，以促进奶牛全部检疫。

3. 开展科普宣传教育　组织结核病宣传活动，增强群众防范结核病的意识。饲养人员每年定期进行包含结核病检查的健康体检，发现结核病患者时应将其调离岗位。

4. 加大动物防疫监督力度　对辖区内奶牛场登记造册，建立档案，查验有效证件，加强奶牛流通市场管理，规范市场流通渠道，把住进牛关，引进奶牛实施报检制度，打击贩卖病牛行为，严格执行检疫隔离制度。

5. 基层动物防疫工作人员个人防护　基层动物防疫工作人员接触奶牛时应戴口罩和手套，并每年进行包含结核病检查的健康体检，发现结核病应及时治疗。

6. 定期参加防控培训　基层动物防疫人员、生产经营者要定期参加防控培训，更新动物疫病最新临床症状、病理解剖病变知识，丰富自己的理论知识，提高技术指导水平和工作能力，确保一旦发生疫情，能够按照“早、快、严、小”的原则科学处置。

三、发现疑似布鲁氏菌病和结核病病畜后的处理

（一）发现疑似布鲁氏菌病病畜后的处理

1. 养殖户　发现疑似布鲁氏菌病病畜后，养殖户应该做好个人防护，将病畜隔离、观察并报告动物疫病预防控制中心。

2. 兽医部门　发现疑似布鲁氏菌病病畜后，兽医部门应及时到现场进行调查核实，包括流行病学调查、临床症状检查、病例解剖、采集相关病料标本、进行实验室诊断等，并且根据流行病学调查情况和实验室诊断结果，采取相应的措施。确诊畜间布鲁氏菌病后，应立刻报告给上级部门，同时通报卫生部门。按照《病死动物无害化处理技术规范》对病畜作无害化处理，确保消除传染源。

（二）发现疑似结核病病畜后的处理

1. 养殖户　养殖户发现疑似结核病病畜后，应立即对疑似患病动物进行隔离，并上报动物防疫机构。动物防疫机构接到报告后应及时派员到现场进行调查核实，开展实验室诊断。确诊后原则上应对患病动物全部扑杀，同时按照《病死动物无害化处理技术规范》进行无害化处理。

对病畜的同群其他家畜实施隔离，可采用圈养和固定草场放牧两种方式进行隔离。隔离饲养用草场，不要靠近交通要道、居民点或人兽密集地区，周围最好有自然屏障或人工栅栏。

开展流行病学调查和疫源追踪，对疫区和病畜的同群其他家畜用牛型结核分枝杆菌 PPD 试验进行检测。

负责病牛养殖的工人应进行结核病筛查，若已产生人、牛之间的结核病交叉感染，则应及时治疗并将其调离工作岗位。

2. 兽医部门 兽医部门发现疑似结核病病畜后，应要求养殖户立即对疑似患病动物进行隔离，并及时进行调查核实，开展诊断。疑似患病动物确诊为结核病后，应将其扑杀，并将病畜的同群其他家畜实施隔离饲养。开展养殖场结核病流行病学调查，追踪疫源，并对疫区和与病牛有接触的牛进行 PPD 试验检测。进行科普宣传，向养殖户宣讲结核病传播、危害等知识，增强养殖户的预防保护意识。

参考文献

陈淑爱，张洪安，2012. 牛结核病防控技术措施［J］. 中国牛业科学，38（1）：81-82.

成诗明，王黎霞，陈伟，等，2016. 结核病现场流行病学［M］. 北京：人民卫生出版社.

高淑芬，1994. 中国布鲁氏菌病及其防治（1982—1981）［M］. 北京：中国科学技术出版社.

何情倪，谷登峰，吕兆启，等，2000. 抗牛布鲁氏菌单抗—四环素偶联物的制备及其特异性比较研究［J］. 地方病通报，15（1）：25-26.

回健人，徐兴江，李福兴，1986. 布鲁氏菌酚不溶性组分治疗慢性布鲁氏菌病 54 例临床观察［J］. 中华内科杂志，25（8）：488.

J. 克罗夫顿，N. 霍恩，F. 米勒，等，2000. 临床结核病［M］. 2 版. 北京：科学出版社.

姜海，崔步云，赵鸿雁，等，2009. AMOS-PCR 对布鲁氏菌种型鉴定的应用［J］. 中国人兽共患病学报，25（2）：107-108.

李福兴，2010. 实用临床布鲁氏菌病［M］. 2 版. 哈尔滨：黑龙江科学技术出版社.

李兰玉，邱海燕，尚德秋，2000. 牛种布鲁氏菌 3IKda 蛋白基因引物的 PCR 试验（I）［J］. 中国地方病防治杂志，15（4）：196-198.

李向阳，霍晓伟，张嘉保，等，2017. 内蒙古东部地区奶牛布鲁氏菌病流行学调查及分离与鉴定［J］. 基因组学与应用生物学，36（3）：921-925.

鲁齐发，张伟，郝宗宇，1999. 双抗原夹心酶免疫试验对人畜布鲁氏菌抗体检测的研究［J］. 中国流行病学杂志，20（2）：188-120.

尚德秋，1994. 中国八十年代布鲁氏菌病防治研究进展［M］. 北京：中国科学技术出版社.

尚德秋，1996. 布鲁氏菌病流行病学及分子生物学研究进展［J］. 中国地方病防治杂志，11（6）：339-348.

尚德秋，1998. 布鲁氏菌病及其防制［J］. 中华流行病学杂志，19（2）：67-69.

尚德秋，2000. 布氏菌病免疫制剂现况［J］. 地方病通报，15（1）：70-73.

尚德秋，2000. 中国布鲁氏菌病防治研究 50 年［J］. 中华流行病学杂志，21（1）：55-59.

尚德秋，2003. 布鲁氏菌感染与免疫研究近况［J］. 中国地方病防治杂志，18（2）：90-94.

尚德秋，吕秀芝，鲁齐发，等，1991. 布鲁氏菌病发病机理研究［J］. 地方病通报，6

（2）：21-29.
尚德秋，于恩庶，赵恒云，1995. 布鲁氏菌病试验诊断的非特异性反应及其鉴别［M］. 北京：海洋出版社.
尚德秋，张士义，1995. 布鲁氏菌病监测与特异性试验监察技术［J］. 中国地方病防治杂志，10（1）：31-35.
宋娥，2011. 奶牛人兽共患病防控存在的问题及对策［J］. 中国畜牧兽医文摘，27（5）：101-103.
唐克强，2016. 基层动物防疫队伍建设的几点建议［J］. 低碳世界，12：34-39.
唐浏英，尚德秋，李元凯，等，1995. 应用分子生物学技术检测布鲁氏菌抗原的研究［J］. 中国地方病防治杂志，10（4）：199-201.
王俊江，朱凤云，2016. 当前奶牛结核病防控工作存在的问题及对策［J］. 中国畜禽种业，12：35-38.
王显军，1997. 儿童布鲁氏菌病［J］. 中国人兽共患病杂志，13（3）：52-53.
肖东楼，江森林，王大力，等，2008. 布鲁氏菌病防治手册［M］. 北京：人民卫生出版社.
肖东楼，赵明刚，王宇，等，2009. 中国结核病防治规划实施工作指南［M］. 北京：中国协和医科大学出版社.
谢惠安，杨国太，林善梓，等，2000. 现代结核病学［M］. 北京：人民卫生出版社.
殷继明，尚德秋，2002. 布鲁氏菌属 DNA 多态性［J］. 中国地方病防治杂志，17（6）：341-346.
张贺秋，赵雁林，2013. 现代结核病诊断技术［M］. 北京：人民卫生出版社.
张亮，张蕾，张芳琳，等，2009. 羊布鲁菌外膜蛋白 Omp 22 的原核表达及鉴定明［J］. 科学技术与工程，9（14）：1671-1819.
张士义，江森林，聂志文，等，1999. 国内外防治布鲁氏菌主要技术措施的实施及评价［J］. 中国地方病防治杂志，14（6）：37-350.
张忠旭，2016. 牛病的流行与防治［J］. 现代畜牧科技，13：73.
Bowden R A，Cloeckaert A，Zygmunt M S，et al，1998. Evaluation of immunogenic city and protective activity in Balb/c mice of the 25-kDa macro-outer membrane protein of *Brucella melitensis*（Omp25）expressed in *Escherichia coli*［J］. Journal of Clinical Microbiology，47：39-48.
Driscoll J R，2009. Spoligotyping for molecular epidemiology of the *Mycobacterium tuberculosis* complex［J］. Methods in Molecular Biology，551：117-128.
Farhat M R，J S B，et al，2013. Genomic analysis identifies targets of convergent positive selection in drug-resistant *Mycobacterium tuberculosis*［J］. Nature Genetics，45：1183-1189.
Ilse D P，Du-Toit L，2012. Altered fatty acid metabolism due to rifampicin-resistance mutations in the rpoB gene of *Mycobacterium tuberculosis*：mapping the potential of pharmaco-metaoolomics for global health and personalized medicine［J］. Omics A Journal of Integrative Biology，16：596-603.

Pappas G, Papadimitriou P, Akritidis N, et al, 2006. The new global map of human brucellosis [J] . Lancet Infect Disease, 6: 91-99.

Queipo O, Morata M I, Ocon P, et al, 1997. Rapid diagnosis of human Brucellosis by peripheral-blood PCR assay [J] . Journal of Clinical Microbiology, 35 (11): 2927-2930.

Silvia M, Estein P, 2004. Immunogenicity of recombinant Omp31 from *Brucella melitensis* in rams and serum bactericidal actiwty against *B. ovis* [J] . Veterinary Microbiology, 102: 203-213.

Srecvatsan S, Bookout B, Ringpis F, et al, 2000. A multiplex approach to molecular detection of *Brucella abortus* and/or *Mycobacterium bovis* infection ill cattle [J] . Journal of Clinical Microbiology, 38 (7): 2602-2610.

二维码信息

二维码 1　《中华人民共和国动物防疫法（2021 年版）》
二维码 2　《布鲁氏菌病防治技术规范》
二维码 3　《动物布鲁氏菌病诊断技术》（GBT 18646—2018）
二维码 4　《牛结核病防治技术规范》
二维码 5　《动物结核病诊断技术》（GBT 18645—2020）
二维码 6　《动物结核病检疫技术规范》（SNT 1310—2011）
二维码 7　《澳大利亚牛结核病根除计划》
二维码 8　《中华人民共和国传染病防治法》
二维码 9　《2020 年世界卫生组织全球结核病报告要点解读》
二维码 10　《结核病分类》（WS 196—2017）
二维码 11　《肺结核诊断》（WS 288—2017）
二维码 12　《布鲁氏菌病诊断》（WS 269—2019）
二维码 13　《高致病性动物病原微生物菌（毒）种或者样本运输包装规范》

二维码信息

二维码 1

二维码 2

二维码 3

二维码 4

二维码 5

二维码 6

二维码 7

二维码 8

二维码 9

二维码 10

二维码 11

二维码 12

二维码 13